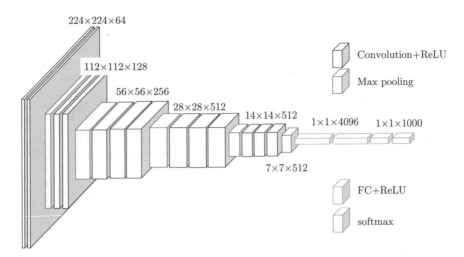

图 3.6　16 层的 VGG 网络，这里没有展示无可学习参数的网络层，例如输入层和输出层

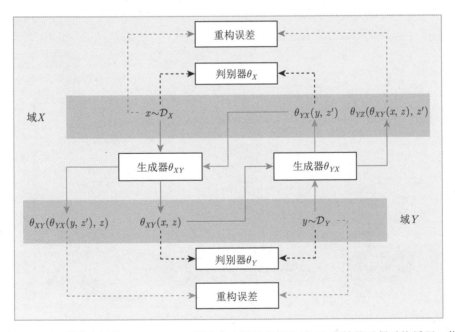

图 5.3　用于图像翻译的 DualGAN。橙色实心箭头表示从域 X 开始的对偶重构循环，蓝色实心箭头表示从域 Y 开始的对偶重构循环，橙色和蓝色虚线箭头表示对偶重构误差，黑色虚线箭头表示判别误差

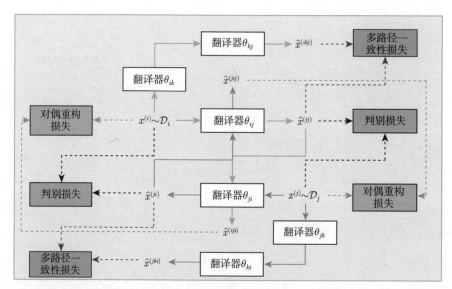

图 5.9 多路径一致性正则化图像到图像翻译的数据流和训练目标函数。黄色实线箭头表示从域 i 开始的翻译路径，绿色实线箭头表示从域 j 开始的翻译路径，黑色虚线箭头表示判别损失，蓝色虚线箭头表示对偶重构损失，红色虚线箭头表示多路径一致性损失

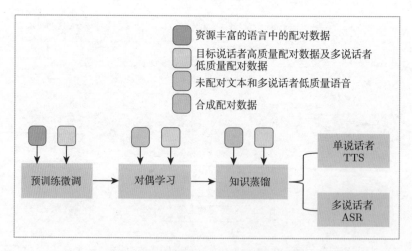

图 6.3 LRSpeech 的三阶段训练流程

智能科学与技术丛书

对偶学习

秦涛 著

夏应策 译

DUAL LEARNING

机械工业出版社
China Machine Press

图书在版编目（CIP）数据

对偶学习 / 秦涛著；夏应策译 . -- 北京：机械工业出版社，2022.5
（智能科学与技术丛书）
书名原文：Dual Learning
ISBN 978-7-111-70719-6

Ⅰ. ①对… Ⅱ. ①秦… ②夏… Ⅲ. ①机器学习—研究 Ⅳ. ① TP181

中国版本图书馆 CIP 数据核字（2022）第 081247 号

北京市版权局著作权合同登记 图字：01–2021–3002 号。

First published in English under the title
Dual Learning
by Tao Qin, edition：1
Copyright © Springer Nature Singapore Pte Ltd., 2020
This edition has been translated and published under license from
Springer Nature Singapore Pte Ltd..

本书主要面向机器学习、计算机视觉、自然语言与语音领域的研究人员和研究生、本科生，系统
全面地阐述了对偶学习，可以帮助相关研究人员和从业者更好地了解该领域的前沿技术。全书分为五部
分。第一部分简要介绍机器学习和深度学习的基础知识。第二部分以机器翻译、图像翻译、语音处理及
其他自然语言处理 / 计算机视觉任务为例，详细介绍了基于对偶重构准则的算法。第三部分介绍基于概
率准则的若干研究，包括基于联合概率准则的对偶有监督学习和对偶推断，以及基于边缘概率准则的对
偶半监督学习。第四部分从理论角度解读了对偶学习，并且讨论了和其他学习范式的联系。第五部分总
结全书内容并给出若干未来研究方向。

出版发行：机械工业出版社（北京市西城区百万庄大街 22 号　邮政编码：100037）

责任编辑：张秀华		责任校对：殷 虹	
印　刷：河北宝昌佳彩印刷有限公司		版　次：2022 年 7 月第 1 版第 1 次印刷	
开　本：185mm×260mm　1/16		印　张：12.5　　插　页：1	
书　号：ISBN 978-7-111-70719-6		定　价：89.00 元	

客服电话：(010) 88361066　88379833　68326294　　投稿热线：(010) 88379604
华章网站：www.hzbook.com　　　　　　　　　　　　读者信箱：hzjsj@hzbook.com

译者序

　　对偶学习是一种新的学习范式，它在学术界和工业界都得到了广泛应用。对偶学习的核心思想是利用两个任务之间的结构对偶性建立反馈信号并以此提升模型性能。希望本书能让更多读者了解这种范式。

　　本书的翻译离不开众多老师和同学的帮助。感谢秦涛老师对本书翻译工作的大力支持，也感谢他在我们近 10 年的合作中给予我悉心的指导。感谢中国科学技术大学的祝金华、范阳和吴可寒三位同学的辛苦付出，他们对本书第 5~7 章的翻译提供了帮助，感谢秦涛、王蕊、吴郦军、解曙方、汪跃、刘国庆、祝金华、吴可寒、冷燚冲对本书的审校，使本书的语言更加流畅。

　　鉴于译者水平，译稿中错误和不足在所难免。若有发现，烦请反馈给我们，我们将及时更正。

夏应策

2021 年 12 月

前言

在过去的十几年中，深度神经网络已经成为人工智能（Artificial Intelligence，AI）的主导模式。深度学习极大地推动了从计算机视觉、自然语言和语音处理到游戏等人工智能各领域的发展。深度学习成功的关键要素之一在于大量有标数据的获取。与此对应的一个挑战（也是研究热点）是如何从有限的、不充分的数据上有效地学习。对偶学习是一种新的学习范式，通过人工智能任务之间的结构对偶性来解决这一挑战。

本书系统地总结了对偶学习的进展，涵盖对偶学习的基本准则（包括对偶重构准则、联合概率准则、边缘概率准则）和多种机器学习设定及算法（包括对偶半监督学习、对偶无监督学习、对偶有监督学习、对偶推断）。对每种设定，我们会依据实际场景介绍多种应用，例如机器翻译、图像到图像的翻译、语音合成和识别、问题回答和问题生成、图像分类和生成、代码摘要和代码生成，以及情感分析等。

本书主要面向机器学习、计算机视觉、自然语言和语音领域的研究人员和研究生、本科生。掌握这些领域的背景知识对阅读本书会有帮助，但不是必需的。为了方便阅读，本书第 2 章和第 3 章简要介绍了机器学习和深度学习的基本概念。

秦　涛

2020 年 7 月

北京

致谢

本书的出版离不开许多人的付出。

在此，向和我一起研究对偶学习的微软同事和实习生表示衷心的感谢，感谢刘铁岩、洪小文、马维英、夏应策、谭旭、贺笛、赵立、田飞、边江、陈薇、赵胜、唐都钰、段楠、林剑新、王怡君、任意、王怡人、徐进、何天宇。感谢其他单位的合作伙伴俞能海、赵洲、陈志波、王立威、李建、陈恩红、翟成祥。

也感谢那些允许我们转载他们出版物中的图片/图表的研究人员。

目录

第三部分　概率准则

第五部分　总结和展望

第 1 章

绪　　论

很多机器学习任务是以原始任务–对偶任务形式出现的，例如英语到德语的翻译和德语到英语的翻译、语音合成和语音识别、图像描述生成和文字生成图像。对偶学习是一种新的学习范式，它利用两个任务之间的对偶性来提高两个任务的训练或测试性能。本章将概述对偶学习并概览全书。

1.1　引言

深度学习正在驱动和引领人工智能（Artificial Intelligence，AI）的浪潮。随着深度学习的应用，人工智能在很多领域（例如计算机视觉、语音合成、自然语言处理、游戏等）取得了突破性进展。

- 2015 年，深度卷积神经网络 ResNet [6]（152 层）在大型图像分类数据集上实现了 3.57% 的识别错误率，超过了人类的识别错误率 5.1%。

- 2016 年，基于深度神经网络和树搜索的围棋程序 AlphaGo [13] 打败了围棋世界冠军，成为历史上第一个超越顶尖人类专业选手的围棋程序。

- 2016 年，由微软设计的语音识别系统 [24] 在一个公开的对话语音识别数据集上实现了 5.9% 的单词错误率（Word Error Rate，WER）。这个效果达到了人类水平，甚至比专业的转译员的错误率更低。

- 2018 年，一个基于深度神经网络的翻译系统 [4] 在公开的汉语–英语翻译数据集上，达到了和人类一样的翻译水平。
- 2019 年，基于深度强化学习的麻将系统 Suphx（超级凤凰）[8] 成为史上第一个达到 10 段的麻将系统，并且在安定段位上，超过了顶级人类选手。

深度学习的成功依赖大量人工标注的数据。如表 1.1 所示，ResNet 用了百万量级的带有标签的图像训练分类器；AlphaGo⊖和 Suphx 用了千万量级的专家走子或出牌的数据进行模型训练；语音识别系统需要上千小时的语音数据进行训练；机器翻译系统需要千万量级的双语语句对进行训练。此外，深度学习系统被证明会受益于更多的数据。文献 [10] 表明，使用百亿量级数据训练得到的神经机器翻译系统优于千万量级语料训练得到的系统。类似的结论也在图像分类任务中被发现 [9]：用数十亿有类别标签的图像训练得到的图像分类器效果显著优于用百万量级数据训练得到的分类器。

表 1.1　人工标记的训练数据的数量级。对于没有明确命名的系统，本书统一用 DNN（Deep Neural Network）表示

任务	系统	训练数据规模
图像分类	ResNet	百万量级图像
围棋	AlphaGo	千万量级的专家走子数据
语音识别	DNN	上千小时的语音数据
机器翻译	DNN	千万量级双语语句对
麻将	Suphx	千万量级专家数据

　　不幸的是，在现实任务中获取专家标注数据通常成本很高。更困难的是，在一些任务中，很难找到足够的专家进行数据标注。例如，对于两种非常冷门的语言的翻译任务，可能没有专家能同时理解两种语言。因此，尽管一些任务有足够的有标数据，但更多的任务比较难获得足够的有标数据进行训练。如图 1.1 所示，对于比较流行的语言之间的翻译，例如英语、德语、捷克语，存在千万量级的平行语料。相比之下，对于一些冷门语言（例如古吉拉特语）到英语的翻译，只有少于 20 万的双语语料。

　　因此，如何降低对大规模有标训练数据的需求，以及更好地利用有限的有标数据，是机器学习领域（尤其是深度学习领域）的一个热点研究方向。研究员们提出了多种不

⊖　尽管 AlphaGo Zero[15] 和 AlphaZero[14] 没有利用专家走子数据进行训练，并且它们可以通过自我博弈学习，但是自我博弈仍然需要来自游戏规则的反馈信号，而且这些通常也是现实中不可得到的。

同的学习范式，包括多任务学习[2,3,12]、迁移学习[11,17,21] 等。

由于数字化技术和互联网的快速发展，大量无标数据很容易以较低的成本获得。因此，在机器学习（尤其是深度学习）中，利用无标数据自然是降低对人工标注数据依赖的一个解决方案，并且是一个新的研究趋势。人们提出了很多利用无标数据的机器学习方案，对偶学习[5] 是其中一种代表性的方法，也是本书的重点。

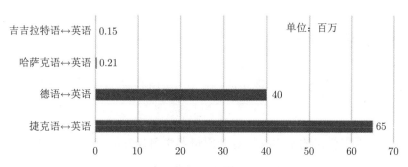

图 1.1 训练语料规模：WMT 2019[1] 提供的双语语句对的数目

1.2 人工智能任务中的结构对偶性

对偶学习[5] 是一种新的机器学习范式。它最初是为了利用无标数据而提出的，后来被延伸到多个研究方向。

定义 1.1 如果一个任务是从 $\mathcal{X}$ 空间到 $\mathcal{Y}$ 空间的映射，另一个任务是从 $\mathcal{Y}$ 空间到 $\mathcal{X}$ 空间的映射，那么这两个机器学习任务具有**对偶形式**。也可以说，这两个任务具有**结构对偶性**。

现实中，很多机器学习任务都具有对偶形式。例如：

- 机器翻译：从 X 语言（例如，汉语）到 Y 语言（例如，英语）的翻译任务和从 Y 语言到 X 语言的翻译任务具有对偶形式。
- 语音处理：语音合成任务（文本转语音）和语音识别任务（语音转文本）具有对偶形式。
- 图像到图像的翻译：将图像从 X 领域（例如，照片）翻译到 Y 领域（例如，油画）的任务和将图像从 Y 领域翻译到 X 领域的任务具有对偶形式。
- 问题回答和问题生成：对给定的问题生成对应答案的任务和从答案生成对应问题的任务具有对偶形式。
- 搜索和广告关键字生成：搜索任务指给定一个索引或关键字返回相关的网页。广告关键字生成任务指给定广告（即网页）生成对应的关键字。这两个任务具备对偶性。

定义 1.2   如果两个任务具有对偶形式，我们把从 $\mathcal{X}$ 空间到 $\mathcal{Y}$ 空间的任务叫作原始任务或者正向任务，对应的模型叫作原始模型或者正向模型；把从 $\mathcal{Y}$ 空间到 $\mathcal{X}$ 空间的任务叫作对偶任务或者反向任务，对应的模型叫作对偶模型或者反向模型。

1.3   对偶学习的划分

尽管结构对偶性广泛存在于现实应用中，但直到近些年，它才被广泛而系统地探索和研究 [5]。

大体来说，对偶学习的基本思想是利用机器学习任务的对称结构（原始–对偶结构）获取有效的反馈或正则信号，用来加强学习或者推断过程。

对偶学习的研究可以按照不同准则进行分类。

1.3.1   依照使用数据划分

根据训练模型使用的数据，对偶学习可以分成如下类别：

- **对偶半监督学习**[5,18-20]：既利用有标数据又利用无标数据的对偶学习。
- **对偶无监督学习**[7,25-26]：仅使用无标数据的对偶学习。
- **对偶有监督学习**[16,23]：仅使用有标数据的对偶学习。

结构对偶性不仅可以应用到模型训练阶段，它同样可以应用到测试阶段，即**对偶推断**（dual inference）[22]。

1.3.2   依照对偶信号构造准则划分

根据具体应用场景，本书讨论若干种利用结构对偶性构造的准则。

- 基于重构的准则。直观来说，给定 $\mathcal{X}$ 空间中的一个样本 x，在依次利用正向模型 f 和反向模型 g 之后，原始输入 x 应该能够被重建。这条准则既可以以确定性的方式实现 [7,25-26]：

$$x = g(f(x)) \tag{1.1}$$

也可以按照概率的形式实现 [5,18]：

$$x = \arg\max_{x'} P(x'|g(f(x))) \tag{1.2}$$

- 基于联合概率 [22-23] 和边缘概率的准则 [19-20]。将随机变量 $x \in \mathcal{X}$ 和 $y \in \mathcal{Y}$ 的联合分布和边缘分布记为 $P(x, y)$、$P(x)$ 及 $P(y)$。$P(y|x; f)$ 表示利用正向模型 f 将 x 映射为 y 的条件概率。$P(x|y; g)$ 代表利用反向模型 g 将 y 映射为 x 的条件概率。直观上，我们有

$$P(x, y) = P(x)P(y|x; f) = P(y)P(x|y; g) \tag{1.3}$$

基于边缘概率的准则将在第 9 章介绍。

1.4　全书总览

本书适合很多类读者，以下两类读者尤其适合。一类是学习或研究机器学习、自然语言处理和计算机视觉的高校学生（本科生或研究生）。另一类是在工业界从事人工智能研究和开发的工作人员，例如人工智能工程师、数据科学家等。为了更好地适应不同背景的读者，本书分为五个部分：

- 第一部分包含第 2~3 章，分别介绍机器学习（第 2 章）和深度学习（第 3 章）的基本概念。具备这些背景知识的读者可有选择性地跳过这两个章节。

- 第二部分包含第 4~6 章，介绍基于重构准则的对偶学习。考虑到基于重构准则的对偶学习被广泛应用到不同领域，这一部分将按照不同的应用进行介绍。读者可以根据自己的兴趣和背景有选择性地阅读。涉及的应用包括神经机器翻译及其他自然语言处理类应用（第 4 章）、图像翻译及其他计算机视觉应用（第 5 章）、语音处理（第 6 章）等。

- 第三部分包含第 7~9 章，介绍基于概率准则的对偶学习。第 7 章介绍基于联合概率的对偶有监督学习，第 8 章介绍基于联合概率的对偶推断，第 9 章介绍基于边缘概率的对偶半监督学习。

- 第四部分包含第 10~11 章，介绍对偶学习相关的前沿课题。第 10 章从理论角度解读对偶重构准则，第 11 章讨论对偶学习和其他学习范式的联系。

- 第五部分只包含第 12 章，主要对全书进行总结并讨论未来的研究方向。

参考文献

[1] Barrault, L., Bojar, O., Costa-Jussà, M.R., Federmann, C., Fishel,M., Graham, Y., et al. (2019). Findings of the 2019 conference on machine translation (WMT19). In *Proceedings of the Fourth Conference on Machine Translation (Volume 2: Shared Task Papers, Day 1)*, Florence (pp. 1-61). Stroudsburg: Association for Computational Linguistics.

[2] Caruana, R. (1997). Multitask learning. *Machine Learning*, 28(1), 41-75.

[3] Evgeniou, T., & Pontil, M. (2004). Regularized multi-task learning. In *Proceedings of the Tenth ACM SIGKDD International Conference on Knowledge Discovery and Data Mining* (pp. 109-117).

[4] Hassan, H., Aue, A., Chen, C., Chowdhary, V., Clark, J., Federmann, C., et al. (2018). Achieving human parity on automatic Chinese to English news translation. arXiv:1803.05567.

[5] He, D., Xia, Y., Qin, T., Wang, L., Yu, N., Liu, T.-Y., et al. (2016). Dual learning for machine translation. In *Advances in neural information processing systems* (pp. 820-828).

[6] He, K., Zhang, X., Ren, S., & Sun, J. (2016). Deep residual learning for image recognition. In *Proceedings of the IEEE Conference on Computer Vision and Pattern Recognition* (pp. 770-778).

[7] Kim, T., Cha, M., Kim, H., Lee, J. K., & Kim, J. (2017). Learning to discover crossdomain relations with generative adversarial networks. In *Proceedings of the 34th International Conference on Machine Learning* (Vol. 70, pp. 1857-1865). JMLR.org

[8] Li, J., Koyamada, S., Ye, Q., Liu, G., Wang, C., Yang, R., et al. (2020). Suphx: Mastering Mahjong with deep reinforcement learning. Preprint. arXiv:2003.13590.

[9] Mahajan, D., Girshick, R., Ramanathan, V., He, K., Paluri, M., Li, Y., et al. (2018). Exploring the limits of weakly supervised pretraining. In *Proceedings of the European Conference on Computer Vision (ECCV)* (pp. 181-196).

[10] Meng, Y., Ren, X., Sun, Z., Li, X., Yuan, A., Wu, F., et al. (2019). Large-scale pretraining for neural machine translation with tens of billions of sentence pairs. arXiv:1909.11861.

[11] Pan, S. J., & Yang, Q. (2010). A survey on transfer learning. *IEEE Transactions on Knowledge and Data Engineering*, 22(10), 1345-1359.

[12] Ruder, S. (2017). An overview of multi-task learning in deep neural networks. Preprint. arXiv:1706.05098.

[13] Silver, D., Huang, A.,Maddison, C. J., Guez, A., Sifre, L., Van Den Driessche, G., et al. (2016). Mastering the game of go with deep neural networks and tree search. *Nature*, 529(7587), 484.

[14] Silver, D., Hubert, T., Schrittwieser, J., Antonoglou, I., Lai, M., Guez, A., et al. (2018). A general reinforcement learning algorithm that masters chess, shogi, and Go through self-play. *Science*, 362(6419), 1140-1144.

[15] Silver, D., Schrittwieser, J., Simonyan, K., Antonoglou, I., Huang, A., Guez, A., et al. (2017). Mastering the game of go without human knowledge. *Nature*, 550(7676), 354-359.

[16] Sun, Y., Tang, D., Duan, N., Qin, T., Liu, S., Yan, Z., et al. (2019). Joint learning of question answering and question generation. *IEEE Transactions on Knowledge and Data Engineering*, 32(5), 971-982.

[17] Torrey, L., & Shavlik, J. (2010). Transfer learning. In *Handbook of research on machine learning applications and trends: algorithms, methods, and techniques* (pp. 242-264). Pennsylvania: IGI Global.

[18] Wang, Y., Xia, Y., He, T., Tian, F., Qin, T., Zhai, C. X., et al. (2019). Multi-agent dual learning. In *Seventh International Conference on Learning Representations, ICLR 2019*.

[19] Wang, Y., Xia, Y., Zhao, L., Bian, J., Qin, T., Liu, G., et al. (2018). Dual transfer learning for neural machine translation with marginal distribution regularization. In *Thirty-Second AAAI Conference on Artificial Intelligence*.

[20] Wang, Y., Xia, Y., Zhao, L., Bian, J., Qin, T., Chen, E., et al. (2019). Semi-supervised neural machine translation via marginal distribution estimation. *IEEE/ACM Transactions on Audio, Speech, and Language Processing*, 27(10), 1564-1576.

[21] Weiss, K., Khoshgoftaar, T. M., & Wang, D. D. (2016). A survey of transfer learning. *Journal of Big Data*, 3(1), 9.

[22] Xia, Y., Bian, J., Qin, T., Yu, N., & Liu, T.-Y. (2017). Dual inference for machine learning. In *Proceedings of the 26th International Joint Conference on Artificial Intelligence* (pp. 3112-3118).

[23] Xia, Y., Qin, T., Chen, W., Bian, J., Yu, N., & Liu, T.-Y. (2017). Dual supervised learning. In *Proceedings of the 34th International Conference on Machine Learning* (Vol. 70, pp. 3789-3798). JMLR.org

[24] Xiong, W., Droppo, J., Huang, X., Seide, F., Seltzer, M., Stolcke, A., et al. (2016). Achieving human parity in conversational speech recognition. Preprint. arXiv:1610.05256.

[25] Yi, Z., Zhang, H., Tan, P., & Gong, M. (2017). Dualgan: Unsupervised dual learning for image to-image translation. In *Proceedings of the IEEE International Conference on Computer Vision* (pp. 2849-2857).

[26] Zhu, J.-Y., Park, T., Isola, P., & Efros, A. A. (2017). Unpaired image-to-image transla-tion using cycle-consistent adversarial networks. In *Proceedings of the IEEE International Conference on Computer Vision* (pp. 2223-2232).

01

第一部分

准备知识

对偶学习是机器学习的一个分支。为了更好地理解对偶学习，我们需要掌握机器学习的基本知识和基本概念。另外，对偶学习的绝大多数研究都基于深度学习，因此，掌握深度学习背景知识对理解对偶学习非常有帮助。本部分将简要介绍机器学习和深度学习背景知识。

第 2 章

机器学习基础

本章简要介绍机器学习基础知识，主要涉及不同的学习范式（例如，有监督学习、无监督学习、半监督学习及强化学习等）、机器学习算法的核心组成部分、泛化和正则化的概念，以及典型的机器学习模型搭建流程等。

本章所介绍的和对偶学习相关的若干机器学习基本概念在本书其余部分都会用到。机器学习领域的新手或者想对机器学习有更全面了解的读者可以阅读文献 [2, 13, 29]。

2.1 机器学习范式

简单来说，算法是一种将输入转化成特定输出的计算机程序。从数学角度来说，可以将算法看作一个从输入空间 $\mathcal{X}$ 到输出空间 $\mathcal{Y}$ 的函数 $(f : \mathcal{X} \to \mathcal{Y})$。例如，排序算法的输入是一组乱序的数字，而输出是排好序的对应数组。

机器学习算法是一种特殊的计算机程序，它在数据上学习后，输出一个算法或者函数。换言之，机器学习⊖算法的输入是数据，输出是函数 $f : \mathcal{X} \to \mathcal{Y}$。在大多数情况下，我们将机器学习算法的输出叫作**模型**，输出的模型需要被应用在训练阶段没使用过的数据上。

⊖ 文献 [28] 给出了机器学习的严格定义：给定一组任务 T 以及这些任务上的度量指标 P，如果计算机程序经过学习，在任务 T 上的效果 P 提高了，那么可以认为计算机程序学习了经验 E。

依据从数据上得到的反馈信号的强度，机器学习被分成三种主要范式：有监督学习（supervised learning）、无监督学习（unsupervised learning）和强化学习（reinforcement learning）。

2.1.1　有监督学习

在有监督学习中，数据集由 n 个数据对组成 $\{(x_1,y_1),(x_2,y_2),\cdots,(x_n,y_n)\}$，其中 $x_i \in \mathcal{X}$，$y_i \in \mathcal{Y}$。机器学习算法旨在利用上述 n 个数据对，获得能刻画从输入空间 $\mathcal{X}$ 到输出空间 $\mathcal{Y}$ 的规律的函数 $f()$。其学习的过程叫作训练，数据集 $\{(x_i,y_i)\}_{i=1}^n$ 叫作训练集，训练集中的数据对 (x_i,y_i) 叫作训练样本，其中 x_i 代表输入（通常是代表数据特征的向量），y_i 则是期望获得的输出，也叫作标签。训练结束后，获得的函数会被应用到训练时没使用过的样本 $x_j \in \mathcal{X}$ 上，预测对应的标签。

有监督学习被广泛研究，在诸多机器学习应用中扮演着重要角色。

- **垃圾邮件检测**是邮件服务中的常用功能，目的是在给用户收件箱投递邮件之前，自动过滤掉垃圾邮件。这里，x_i 是从邮件中提取的特征，例如，该邮件是否包含一些垃圾邮件常用的单词、发送者域名等；$y_i = 1$ 代表邮件是垃圾邮件，$y_i = 0$ 表示不是垃圾邮件。

- **图像分类**在日常生活中有广泛的应用。（1）个人照片管理：现在很多照片是经过智能手机拍摄和存储的，自动归类和整理（例如，照片是在室内还是室外拍摄的，照片内是否含有花朵）照片极大地简化了访问和搜索照片的过程。（2）光学字符识别：该任务的目的是从手写文字、打字机打印出的文字的照片中识别相应的字符，对物理文档的数字化存储有着重要作用。（3）人脸识别：目的是从照片或视频中检测出现的人物是谁，广泛应用于智能手机或者计算机的访问控制，并且在视频监控等安全系统中发挥重要作用。

- **机器翻译**指用计算机算法将一种语言翻译为另一种语言，被广泛应用于跨语言交流，例如国际会议、跨国商务洽谈，以及跨语种的搜索、阅读和字幕翻译。

- **自动语音识别**通过计算机算法自动识别口语并将其转化成文本，是许多人机交互系统中理解人类语言并与人类进行交互的基本组成部分。这些系统包括移动设备和家庭虚拟助手（例如亚马逊 Alexa、苹果 Siri、谷歌助手、微软 Cortana），车载系统，会议记录系统，以及电影、电视剧、视频游戏的字幕生成系统。

- **语音合成**（Text To Speech，TTS）是语音识别的逆向任务，主要是将文本转化成语音，它也是上述人机交互系统的重要组成部分，用来和人类进行交互。

根据输出空间 $\mathcal{Y}$ 中的元素格式，有监督学习任务可分为如下主要类别：

- **分类任务**：分类任务的输出空间包含 k 个类别，即 $\mathcal{Y} = \{1, 2, \cdots, k\}$。对应的机器学习算法需要获得函数 $f : \mathcal{X} \to \{1, 2, \cdots, k\}$，将输入映射到一个或多个 $\mathcal{Y}$ 空间中的类别。根据具体任务，输入 $x \in \mathcal{X}$ 具有不同形式。例如，在传统的分类任务[38] 中，x 通常是 d 维向量，即 $\mathcal{X} = \mathcal{R}^d$。在图像分类[23] 中，$x$ 是图像张量（例如，三维矩阵）表示。在序列分类任务[52] 中，x 是变长的序列表达。

- **回归任务**：在回归任务中，给定输入 x，待学习的函数 f 需要把 x 映射到连续变量 y，也就是 $\mathcal{Y} = \mathcal{R}$。线性回归任务已在统计学[39,51] 和机器学习[13] 中广泛研究，其中 f 具有线性形式。x 的形式同样取决于具体应用。在多数回归任务中，任务的输入 x 是定长的向量，即 $\mathcal{X} = \mathcal{R}^d$。在一些和图像相关的任务（例如根据输入的脸部图片预测年龄）中，x 是图像的张量（例如，三维矩阵）表示。

- **结构预测**：在很多任务中，y 的形式远比简单类别或者实数值复杂。它可以是单词序列（例如机器翻译[1,22]、文本摘要生成[15,30]）和排序后的列表（例如信息检索[5,26]、推荐系统）。如果 y 是序列，任务通常叫作**序列生成**；如果 x 和 y 都是序列，那么任务叫作**序列到序列**的学习。

对偶学习在有监督分类任务（例如图像分类、情感分类）和有监督序列到序列学习任务（例如机器翻译、语音合成和识别、问题回答和问题生成、代码摘要和代码生成）上得到了广泛研究，详见第 7 章。

2.1.2　无监督学习

在无监督学习中，我们只能获得输入数据 x，但是无法获得对应的标签 y。无监督学习算法将自动从输入数据中发现数据规律。无监督学习任务可分为如下主要类别：

- **聚类任务**：顾名思义，聚类[17-18] 就是将数据进行分组和归类。给定一组数据点，聚类算法会将它们归类成若干不同的簇，使同一个簇中的数据点彼此相似，不同簇中的数据点不相似。聚类是无标数据分析的通用技术。它被广泛应用于多个领域，例如文档聚类（根据文档主题将文档、网页进行归类[19,31,53]）、基因聚类（根据基因表达的等级[24,46] 进行聚类）、图像聚类（通过图像底层[34]

或者高层特征 [4,14] 进行聚类）以及气象数据分析（发现气象指标 [44]）。

- **降维任务**：该任务是指将高维数据用更低的维度或更少的特征表述 [3,11]。在现实中，数据通常具有很高的维度，降维可以帮助人们更好地理解、分析和可视化数据。

- **自监督学习**：聚类和降维任务在经典机器学习中得到了广泛研究。相比之下，自监督学习是近几年提出的一个比较新的概念。传统有监督学习的数据标签需要由人工标注，标注成本一般较高。相比之下，自监督学习是利用比较容易获得的标签进行模型训练，这些标签往往天然存在于输入数据中。自监督学习在计算机视觉 [10,40,47] 和自然语言处理 [8,33] 中得到了广泛应用。该方法的核心在于寻找输入数据中天然存在的隐式标签，进而确定出对应的任务。

对偶学习在很大程度上属于无监督学习，详见第 4 章和第 5 章。

2.1.3　强化学习

尽管对偶学习和强化学习没有直接关系，但一些对偶学习算法 [16,36] 在模型训练时采用了强化学习的技术。因此，本节将简要介绍强化学习。

强化学习介于有监督学习和无监督学习之间 [45]，它主要解决的是连续决策问题。决策的反馈信号需要依靠和环境的交互获得，并且反馈信号通常是有限的和有延迟的。在有监督学习中，输入 x 对应的标签 y 是准确的，而在强化学习中，被训练的智能体在面对状态 s 时并不知道正确的动作是什么。智能体需要采取一系列动作，和环境进行交互，并根据从环境中收集的延迟奖励信号更新自身的策略。强化学习的目标是优化自身策略以获得最大的累计收益。

强化学习有着悠久而丰富的历史。它的历史可以追溯到从动物学习心理学开始的试错学习研究以及使用值函数和动态规划进行最优控制的研究。在深度学习的加强下，深度强化学习因其在游戏（例如 AlphaGo[41]、AlphaGo Zero[43]、AlphaZero[42]，以及超级凤凰 Suphx[25]）中的巨大成就而备受关注。深度强化学习有多种类型的算法，例如模型无关的算法、基于模型的算法、基于值函数的算法，以及策略优化。在以上算法中，策略优化也经常用在其他机器学习问题中，例如有监督学习中目标函数对模型参数不是连续可导的情形。对偶学习也是如此 [16,36]。

2.1.4 其他学习范式

除了有监督学习、无监督学习和强化学习，还有其他机器学习范式。在此，我们将简要介绍一些其他的学习范式。

由于有标数据的获取成本通常很高，而无标数据的获取成本很小，且数量几乎不受限制，因此通常使用无标数据来增强有标数据的学习效果。**半监督学习**[55] 介于有监督学习和无监督学习，同时使用有标数据和无标数据进行训练。

迁移学习[32] 旨在通过从具有丰富标记数据的相关问题或领域迁移知识来提高性能。在迁移学习中，目标任务通常只有有限的训练数据。

多任务学习[6]，顾名思义，就是同时训练多个学习任务的模型，利用任务之间的共性与差异提高单个模型的学习效率和预测精度。

在第 11 章中，我们会看到对偶学习和上述半监督学习、迁移学习、多任务学习都有关，但存在一定的差异。更重要的是，对偶学习可以和上述学习范式结合，衍生出对偶半监督学习 [16]、对偶迁移学习 [50]。相关内容会在后续章节介绍。

2.2 机器学习算法核心组成部分

鉴于有监督学习被广泛研究，我们用有监督学习来举例介绍机器学习算法的核心组成部分。有监督学习的一个简化的描述性定义为：

定义 2.1 有监督学习是一种计算机程序，它能够从函数空间 $\mathcal{F}$ 中找到函数 f，使得 f 能够在数据集 D 上最小化损失函数 $l()$：

$$\min_{f \in \mathcal{F}} \frac{1}{|D|} \sum_{(x,y) \in D} l(f(x), y) \tag{2.1}$$

其中 $|D|$ 代表训练集 D 中的样本数，$\mathcal{F}$ 是包含从输入空间 $\mathcal{X}$ 到输出空间 $\mathcal{Y}$ 的函数的集合，$l()$ 是判别 f 的预测值和真实值 y 的差别的损失函数。

如上述定义所示，有监督学习算法的核心部分包括训练集 D、假设空间 $\mathcal{F}$、损失函数 $l()$，以及用来进行最小化操作的优化器。

在有监督学习中，训练数据以输入–输出对的形式出现。我们将训练集记为 $D = \{(x_i, y_i)\}_{i=1}^n$，其中 n 是数据对数目。如前所述，在不同应用中，输入输出可具备不同形式（例如向量、矩阵、张量、序列等）。

在机器学习早期（深度学习普及之前），特征工程在数据准备阶段至关重要。例如，在图像分类中，经典的机器学习算法并不直接将原始的像素作为输入。相反，研究人员设计了不同类型的特征提取器（例如，局部尺度不变特征[27]）将图像表示为特征向量。

假设空间 $\mathcal{F}$ 决定了我们希望从数据中学习到何种函数，典型函数包括线性函数、决策树、浅层或深层神经网络。假设空间中的函数被称作预测函数或者模型。大体来说，假设空间既要足够复杂，以表达、拟合数据，同时也不能过于复杂，以免数据被过拟合。第 3 章介绍的对偶学习主要基于深度神经网络。

损失函数 $l()$ 的输入是函数 $f()$ 对输入 x 的预测值 $f(x)$ 以及 x 的真实标签 y，输出是一个实数值，用来表示预测值 $f(x)$ 的准确度。典型的损失函数包括回归任务的二次损失函数、支持向量机的合页损失函数[37]、梯度提升树的指数损失函数[12]，以及利用概率分类器的分类问题的负对数似然函数。

科学家们针对不同的损失函数和假设空间，设计了多种优化器来求解公式 (2.1)，在数据规模很大的时候尤其如此。例如，文献 [35] 提出了序列最小最优化（Sequential Minimal Optimization）算法来快速训练支持向量机，XGBoost[7] 和 LightGBM[20] 则是两种训练大规模梯度提升树的算法。另外，针对深度神经网络模型的优化有很多梯度下降算法，例如 AdaGrad[9]、AdaDelta[54] 和 Adam[21]。

接下来，我们以一种经典的分类算法——多分类逻辑回归[⊖]（一种将标准二分类逻辑回归泛化到多分类场景的算法）为例来说明上面提到的各种组成部分。

范例：多分类逻辑回归

考虑如下 K 类分类问题：输入 x 是 d 维特征向量，输出 y 是 K 类中的一个类别，即 $\mathcal{X} = \mathcal{R}^d$，$\mathcal{Y} = \{1, 2, \cdots, K\}$。

多分类逻辑回归通过构造线性函数 f_k，计算每一个输入样本 x 属于第 k 类的分数 $f_k(x)$：

$$f_k(\boldsymbol{x}; \boldsymbol{W}) = \boldsymbol{w}_k \cdot \boldsymbol{x} \tag{2.2}$$

其中 $\boldsymbol{w}_k \in \mathcal{R}^d$ 是第 k 类的权重向量。将 $\boldsymbol{W} \in \mathcal{R}^{d \times K}$ 记作权重矩阵，其中第 k 列是 $\boldsymbol{w}_k$。因此，多分类逻辑回归问题的预测函数可以写成：

$$f(\boldsymbol{x}; \boldsymbol{W}) = \boldsymbol{W}^{\mathrm{T}} \boldsymbol{x} \tag{2.3}$$

⊖ 多分类逻辑回归（multiclass logistic regression）有多个别名，例如多项逻辑回归（multinomial logistic regression）、softmax 回归、多类逻辑回归（polytomous logistic regression）等。

其中 $f(\boldsymbol{x};\boldsymbol{W})$ 是一个 K 维向量，它的第 k 项 $f_k(\boldsymbol{x})$ 代表 $\boldsymbol{x}$ 属于第 k 类的分数。

$\boldsymbol{x}$ 被判别/输出的类别即 $f(\boldsymbol{x};\boldsymbol{W})$ 中最高分数对应的类别。换句话说，$f_k(\boldsymbol{x};\boldsymbol{W})$ 的分数越高，$\boldsymbol{x}$ 就越可能属于第 k 类。为了正式描述分数和似然值之间的关系，我们用 softmax 函数将预测分数转化成在 K 个类别上的概率：

$$p_k(\boldsymbol{x};\boldsymbol{f}) = \frac{\exp(f_k(\boldsymbol{x};\boldsymbol{W}))}{\sum\limits_{j=1}^{K}\exp(f_j(\boldsymbol{x};\boldsymbol{W}))} = \frac{\exp(\boldsymbol{w}_k\cdot\boldsymbol{x})}{\sum\limits_{j=1}^{K}\exp(\boldsymbol{w}_j\cdot\boldsymbol{x})} \tag{2.4}$$

多分类逻辑回归问题的训练过程就是最大化正确类别 y_i 的对数似然函数：

$$\log p_{y_i}(\boldsymbol{x};\boldsymbol{f}) = \log\frac{\exp(f_{y_i}(\boldsymbol{x};\boldsymbol{W}))}{\sum\limits_{j=1}^{K}\exp(f_j(\boldsymbol{x};\boldsymbol{W}))} \tag{2.5}$$

因此，多分类逻辑回归问题的损失函数为：

$$l(y_i, f(\boldsymbol{x};\boldsymbol{W})) = -\log p_{y_i}(\boldsymbol{x};\boldsymbol{f}) \tag{2.6}$$

也称为负对数似然函数。整个数据集上的损失函数为：

$$L(f) = \frac{1}{|\mathcal{D}|}\sum_{(\boldsymbol{x},\boldsymbol{y})\in\mathcal{D}} l(\boldsymbol{y}, f(\boldsymbol{x};\boldsymbol{W})) \tag{2.7}$$

当训练集规模不大时，通常采用梯度下降算法来优化模型参数 $\boldsymbol{W}$。梯度下降算法是一阶迭代优化算法。如果可导函数存在局部最优解，梯度下降算法就能够找到它。

$$\boldsymbol{W}_{t+1} = \boldsymbol{W}_t - \gamma_t\frac{\partial L(f)}{\partial \boldsymbol{W}_t} \tag{2.8}$$

其中 $\gamma_t\in\mathbb{R}_+$ 是第 t 步的步长。上述迭代过程会在满足终止条件时停止，例如达到最大迭代次数或者在验证集上的损失不再下降。

2.3 泛化和正则化

机器学习的核心挑战是让训练好的模型在没见过的数据上取得好的预测性能，而不仅仅是在训练模型的数据上表现良好。这种能力叫作泛化能力，也就是从已知数据泛化到未知数据的能力。在机器学习中，模型在训练集上的误差叫作训练误差，模型在测试集上的误差叫作测试误差或者泛化误差。测试集通常和训练集是两个不同的数据集。

两种导致模型泛化性不好的因素是过拟合和欠拟合。过拟合是指模型在训练数据上表现得很好，但是在测试数据上表现得不好。欠拟合是指在训练和测试数据上表现得都不好。欠拟合比较容易诊断，例如通过训练集上的指标（比如分类准确率）进行判断。导致欠拟合的原因包括：（1）供模型学习的特征不好；（2）模型复杂度不够高以至于无法拟合数据，例如用线性模型拟合非线性模型产生的数据。为了解决第二类问题，我们通常会增加模型的复杂度。过拟合的产生是因为模型过于复杂，以至于模型偏向记住数据而不是学习数据的规律。为了解决过拟合问题，我们需要增加数据，或者减小模型复杂度。

正则化指通过控制模型参数或者将模型参数逐渐缩减至零，最后达到控制模型复杂度的效果。人们提出了不同的正则化方法，例如约束模型参数的 L1 范数或 L2 范数。对于前面介绍的多分类逻辑回归问题，我们可以对公式(2.7)使用 L2 范数，获得正则化的损失函数：

$$L(f) = \frac{1}{|\mathcal{D}|} \sum_{(\boldsymbol{x}, \boldsymbol{y}) \in \mathcal{D}} l(\boldsymbol{y}, f(\boldsymbol{x}; \boldsymbol{W})) + \lambda \|\boldsymbol{W}\|^2 \tag{2.9}$$

其中 λ 是超参数，表示正则项的权重。λ 较大则代表我们需要更显著地控制模型复杂度。

目前，我们简单描述了模型复杂度和泛化之间的关系。更正式的分析可以参考机器学习的另一分支，统计机器学习 [48-49]。

2.4 搭建机器学习模型

前面我们讨论了不同的机器学习范式，以及机器学习算法的核心组成部分。本节讨论机器学习的另一个重要问题：如何搭建机器学习模型来解决实际问题。

图 2.1展示了搭建机器学习模型的典型流程。我们以垃圾邮件检测为例介绍流程。

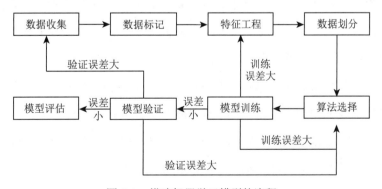

图 2.1　搭建机器学习模型的流程

2.4.1 数据收集和特征工程

为了使用机器学习解决实际问题，首先要收集数据。对垃圾邮件检测而言，我们需要收集正常邮件和垃圾邮件。为了确保模型的性能，收集的邮件需要多样化并具有足够的覆盖范围，例如包含不同语言、不同发件人或收件人、不同长度的邮件等。

接着，我们要标记哪些邮件是垃圾邮件哪些是正常邮件。为了保证数据标记的质量，通常每一封邮件会被多个人标注，最终的结果按照多数投票确定。

然后是特征工程，包括特征提取、特征选择（可选）、降维以及归一化。大多数机器学习算法（例如逻辑回归、支持向量机、提升树）不能直接处理原始输入数据（例如图片、文本和音频）。因此，特征提取是将原始数据转化成形式化数据（例如整数或小数构成的向量）至关重要的一步，其目的是适配机器学习算法。

对于垃圾邮件检测任务，在提取特征之前，我们要预处理邮件中的文本，包括去除标点符号和停止词、词干提取和词形还原。在此之后，我们可以从整理后的文本提取特征。常用的特征包括邮件标题、正文的长度，是否出现了一些特定词语（例如"广告""促销""折扣""免运费"等）。

一些提取出来的特征可能是高度相关的，因此可能存在一定冗余性。特征选择和降维能够将特征压缩到低维空间，减少冗余并且起到节省空间和加速训练的作用。

此外，对一些机器学习算法，我们需要将输入归一化到特定的区域，例如 $[0,1]$ 或者 $[-1,1]$，这样训练会更加稳定，收敛速度更快。

2.4.2 算法选择、模型训练、超参数调优

正如前面提到的，在训练数据上学习的模型将用于对未见过的数据进行预测。为了保证模型不仅在训练数据上表现好，还能够泛化到未见过的数据上，常用的办法是将数据集随机划分成三个不相交的子集：训练集、验证集和测试集。训练集用来进行模型优化，验证集用来进行参数调优，测试集用来进行最终的测试。

模型训练和超参数调优通常是交替进行的。我们以使用逻辑回归进行垃圾邮件检测为例。首先，我们用超参数 λ_1 训练得到模型 $\mathcal{M}_1$，并且在验证集上检测模型性能。然后，我们用超参数 $\lambda_2 > \lambda_1$ 训练，得到另一个模型 $\mathcal{M}_2$ 并在验证集上检测其性能。如果 $\mathcal{M}_2$ 在验证集上的表现好于 $\mathcal{M}_1$，我们可以尝试更大的超参数 $\lambda_3 > \lambda_1$。反之，如果 $\mathcal{M}_2$ 的表现不如 $\mathcal{M}_1$，那么就需要尝试更小的超参数 $\lambda_3 < \lambda_1$。重复上面的步骤，直到

获得令人满意的验证集结果。最后，我们选择在验证集上表现最好的模型，并在测试集上进行测试。

另一种可能出现的情况是无论我们怎么调节超参数，都没有办法获得在验证集表现良好的模型。这种情况下，我们要诊断模型在训练集和验证集上的表现：

- 如果逻辑回归模型在训练集和验证集上都表现不好，说明模型复杂度过小，无法拟合训练数据（也就是欠拟合）。我们有两种方案解决欠拟合：
  - 增加模型复杂度。例如，可以使用深度神经网络或者基于树的算法，而不是逻辑回归中的简单线性模型。由于我们尝试了不同类型的模型，这个过程叫作利用验证集进行模型选择。
  - 我们可以回退到特征工程步骤，选择表达力更好的特征。我们可以选择更多的特征，也可以将已有特征加强（例如通过细化特征的粒度，将整数特征改成浮点数特征）。

- 如果模型在训练集上表现很好，但是在验证集上表现不好，说明模型过拟合。为了解决这一问题：
  - 我们可以回到数据收集步骤，收集更多的数据来进行模型训练。
  - 考虑其他正则化方法，从而限制模型复杂度。

参考文献

[1] Bahdanau, D., Cho, K., & Bengio, Y. (2015). Neural machine translation by jointly learning to align and translate. In *3rd International Conference on Learning Representations, ICLR 2015*.

[2] Bishop, C. M. (2006). *Pattern recognition and machine learning*. springer.

[3] Burges, C. J. C., et al. (2010). Dimension reduction: A guided tour. *Foundations and Trends® in Machine Learning*, 2(4), 275-365.

[4] Cai, D., He, X., Li, Z., Ma,W.-Y., & Wen, J.-R. (2004). Hierarchical clustering of www image search results using visual, textual and link information. In *Proceedings of the 12th Annual ACM International Conference on Multimedia* (pp. 952-959).

[5] Cao, Z., Qin, T., Liu, T.-Y., Tsai, M.-F., & Li, H. (2007). Learning to rank: from pairwise approach to listwise approach. In *Proceedings of the 24th international conference on Machine learning* (pp. 129-136).

[6] Caruana, R. (1997). Multitask learning. *Machine Learning*, 28(1), 41-75.

[7]　Chen, T., & Guestrin, C. (2016). Xgboost: A scalable tree boosting system. In *Proceedings of the 22nd acm Sigkdd International Conference on Knowledge Discovery and Data Mining* (pp. 785-794).

[8]　Devlin, J., Chang, M.-W., Lee, K., & Toutanova, K. (2019). Bert: Pre-training of deep bidirectional transformers for language understanding. In *NAACL-HLT (1)*.

[9]　Duchi, J., Hazan, E., & Singer, Y. (2011). Adaptive subgradient methods for online learning and stochastic optimization. *Journal of Machine Learning Research*, 12(Jul), 2121-2159.

[10]　Fernando, B., Bilen, H., Gavves, E., & Gould, S. (2017). Self-supervised video representation learning with odd-one-out networks. In *Proceedings of the IEEE Conference on Computer Vision and Pattern Recognition* (pp. 3636-3645).

[11]　Fodor, I. K. (2002). A survey of dimension reduction techniques. Technical report, Lawrence Livermore National Lab., CA (US).

[12]　Freund, Y., Schapire, R., & Abe, N. (1999). A short introduction to boosting. *Journal-Japanese Society For Artificial Intelligence*, 14(771-780), 1612.

[13]　Friedman, J., Hastie, T., & Tibshirani, R. (2001). *The elements of statistical learning* (vol. 1). Springer series in statistics. New York: Springer.

[14]　Gao, B., Liu, T.-Y., Qin, T., Zheng, X., Cheng, Q.-S., & Ma, W.-Y. (2005). Web image clustering by consistent utilization of visual features and surrounding texts. In *Proceedings of the 13th Annual ACM International Conference on Multimedia* (pp. 112-121).

[15]　Gupta, V., & Lehal, G. S. (2010). A survey of text summarization extractive techniques. *Journal of Emerging Technologies in Web Intelligence*, 2(3), 258-268.

[16]　He, D., Xia, Y., Qin, T., Wang, L., Yu, N., Liu, T.-Y., et al. (2016). Dual learning for machine translation. In *Advances in Neural Information Processing Systems* (pp. 820-828).

[17]　Jain, A. K. (2010). Data clustering: 50 years beyond k-means. *Pattern Recognition Letters*, 31(8), 651-666.

[18]　Jain, A. K., Narasimha Murty, M., & Flynn, P. J. (1999). Data clustering: a review. *ACM Computing Surveys (CSUR)*, 31(3), 264-323.

[19]　Karypis, M. S. G., Kumar, V., & Steinbach, M. (2000). A comparison of document clustering techniques. In *TextMining Workshop at KDD2000 (May 2000)*.

[20]　Ke, G., Meng, Q., Finley, T., Wang, T., Chen, W., Ma, W., et al. (2017). Lightgbm: A highly efficient gradient boosting decision tree. In *Advances in Neural Information Processing Systems* (pp. 3146-3154).

[21]　Kingma, D. P., & Ba, J. (2014). Adam: A method for stochastic optimization. Preprint. arXiv:1412.6980.

[22] Koehn, P. (2009). *Statistical machine translation*. Cambridge: Cambridge University Press.

[23] Krizhevsky, A., Sutskever, I., & Hinton, G. E. (2012). Imagenet classification with deep convolutional neural networks. In *Advances in Neural Information Processing Systems* (pp. 1097-1105).

[24] Lee, J. M., & Sonnhammer, E. L. L. (2003). Genomic gene clustering analysis of pathways in eukaryotes. *Genome Research*, 13(5), 875-882.

[25] Li, J., Koyamada, S., Ye, Q., Liu, G., Wang, C., Yang, R., et al. (2020). Suphx: Mastering mahjong with deep reinforcement learning. Preprint. arXiv:2003.13590.

[26] Liu, T.-Y. (2011). *Learning to rank for information retrieval*. Springer Science & Business Media.

[27] Lowe, D. G. (1999). Object recognition from local scale-invariant features. In *Proceedings of the Seventh IEEE International Conference on Computer Vision* (vol. 2, pp. 1150-1157). IEEE.

[28] Mitchell, T. M. (1997). *Machine learning*. McGraw Hill.

[29] Murphy, K. P. (2012). *Machine learning: a probabilistic perspective*. MIT Press.

[30] Nallapati, R., Zhou, B., dos Santos, C., Gulcehre, C., & Xiang, B. (2016). Abstractive text summarization using sequence-to-sequence rnns and beyond. In *Proceedings of The 20th SIGNLL Conference on Computational Natural Language Learning* (pp. 280-290).

[31] Navigli, R., & Crisafulli, G. (2010). Inducing word senses to improve web search result clustering. In *Proceedings of the 2010 Conference on Empirical Methods in Natural Language Processing* (pp. 116-126). Association for Computational Linguistics.

[32] Pan, S. J., & Yang, Q. (2009). A survey on transfer learning. *IEEE Transactions on Knowledge and Data Engineering*, 22(10), 1345-1359.

[33] Peters, M. E., Neumann, M., Iyyer, M., Gardner, M., Clark, C., Lee, K., et al. (2018). Deep contextualized word representations. In *Proceedings of NAACL-HLT* (pp. 2227-2237).

[34] Philbin, J., Chum, O., Isard, M., Sivic, J., & Zisserman, A. (2007). Object retrieval with large vocabularies and fast spatial matching. In *2007 IEEE Conference on Computer Vision and Pattern Recognition* (pp. 1-8). IEEE.

[35] Platt, J. C. (1999). Fast training of support vector machines using sequential minimal optimization. In *Advances in Kernel Methods: Support Vector Learning* (pp. 185-208).

[36] Radzikowski, K., Nowak, R., Wang, L., & Yoshie, O. (2019). Dual supervised learning for non-native speech recognition. *EURASIP Journal on Audio, Speech, and Music Processing*, 2019(1), 3.

[37] Schölkopf, B., Smola, A. J., Bach, F., et al. (2002). *Learning with kernels: support vector machines, regularization, optimization, and beyond.*

[38] Sebastiani, F. (2002). Machine learning in automated text categorization. *ACM Computing Surveys (CSUR)*, 34(1), 1-47.

[39] Seber, G. A. F., & Lee, A. J. (2012). *Linear regression analysis* (vol. 329). John Wiley & Sons.

[40] Sermanet, P., Lynch, C., Chebotar, Y., Hsu, J., Jang, E., Schaal, S., et al. (2018). Timecontrastive networks: Self-supervised learning from video. In *2018 IEEE International Conference on Robotics and Automation (ICRA)* (pp. 1134-1141). IEEE.

[41] Silver, D., Huang, A.,Maddison, C. J., Guez, A., Sifre, L., Van Den Driessche, G., et al. (2016). Mastering the game of go with deep neural networks and tree search. *Nature*, 529(7587), 484.

[42] Silver, D., Hubert, T., Schrittwieser, J., Antonoglou, I., Lai, M., Guez, A., et al. (2018). A general reinforcement learning algorithm that masters chess, shogi, and go through self-play. *Science*, 362(6419), 1140-1144.

[43] Silver, D., Schrittwieser, J., Simonyan, K., Antonoglou, I., Huang, A., Guez, A., et al. (2017). Mastering the game of go without human knowledge. *Nature*, 550(7676), 354-359.

[44] Steinbach, M., Tan, P.-N., Kumar, V., Klooster, S., & Potter, C. (2003). Discovery of climate indices using clustering. In *Proceedings of the Ninth ACM SIGKDD International Conference on Knowledge Discovery and Data Mining* (pp. 446-455).

[45] Sutton, R. S., & Barto, A. G. (2018). *Reinforcement learning: An introduction.* MIT Press.

[46] Thalamuthu, A., Mukhopadhyay, I., Zheng, X., & Tseng, G. C. (2006). Evaluation and comparison of gene clustering methods in microarray analysis. *Bioinformatics*, 22(19), 2405-2412.

[47] Tung, H.-Y., Tung, H.-W., Yumer, E., & Fragkiadaki, K. (2017). Self-supervised learning of motion capture. In *Advances in Neural Information Processing Systems* (pp. 5236-5246).

[48] Valiant, L. G. (1984). A theory of the learnable. *Communications of the ACM*, 27(11), 1134-1142.

[49] Vapnik, V. (2013). *The nature of statistical learning theory.* Springer Science & Business Media.

[50] Wang, Y., Xia, Y., Zhao, L., Bian, J., Qin, T., Liu, G., et al. (2018). Dual transfer learning for neural machine translation with marginal distribution regularization. In *Thirty-Second AAAI Conference on Artificial Intelligence.*

[51] Weisberg, S. (2005). *Applied linear regression* (vol. 528). John Wiley & Sons.

[52]　Xing, Z., Pei, J., & Keogh, E. (2010). A brief survey on sequence classification. *ACM Sigkdd Explorations Newsletter*, 12(1), 40-48.

[53]　Zamir, O., & Etzioni, O. (1998). Web document clustering: A feasibility demonstration. In *Proceedings of the 21st Annual International ACM SIGIR Conference on Research and Development in Information Retrieval* (pp. 46-54).

[54]　Zeiler, M. D. (2012). Adadelta: an adaptive learning rate method. Preprint. arXiv:1212.5701.

[55]　Zhu, X., & Goldberg, A. B. (2009). Introduction to semi-supervised learning. *Synthesis Lectures on Artificial Intelligence and Machine Learning*, 3(1), 1-130.

第 3 章

深度学习基础

本章简要介绍深度学习。首先介绍各种类型的神经网络，例如前馈网络、卷积神经网络、递归神经网络，以及 Transformer 网络。接着介绍神经网络的训练和优化，最后介绍深度神经网络的优势。

3.1 神经网络

深度学习并不是一个崭新的概念，它有着很长很丰富的历史，并且有很多名字。伴随着大数据的出现、硬件计算性能的提升以及开源软件的日益成熟，深度学习在过去十几年的时间中日趋流行并取得了巨大的成功。

深度学习主要基于人工神经网络（Artificial Neural Network，ANN）。神经网络由节点（神经元）连接得到。早期简单的神经网络只含有一个神经元，也被叫作**感知机**（perceptron）。如图 3.1 所示，感知机将多个输入线性组合，进行非线性变换，最后输出一个标量值。在数学上，感知机可以表示为一个函数，它的输入是向量 x，输出是标量 y：

$$y = g\left(\sum_{j=1}^{d} w_j x_j + b\right) \tag{3.1}$$

其中 x_j 是 x 的第 j 个分量，b 是偏置项，g 是非线性激活函数，能够为感知机引入非线性。w_j 和 b 是待从数据学习的参数。

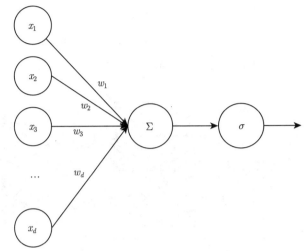

图 3.1　最简单的神经网络：感知机，其灵感源自生物神经系统 [48]

激活函数有多种不同选择。在最初的感知机中，激活函数 g 被定义为一种硬阈值的函数，即 $g(z) = 1, \forall z > 0$ 和 $g(z) = 0, \forall z \leqslant 0$。在 sigmoid 感知机中，$g$ 被定义为 sigmoid 函数：

$$g(z) = \sigma(z) = \frac{1}{1 + \mathrm{e}^{-z}} \tag{3.2}$$

$\sigma\Big(\sum\limits_{j=1}^{d} w_j x_j + b\Big)$ 通常被解释为 $\boldsymbol{x}$ 属于某一类的概率，相应地，$\boldsymbol{x}$ 属于另一类的概率是 $1 - \sigma\Big(\sum\limits_{j=1}^{d} w_j x_j + b\Big)$。

多个连通的神经元$^{\ominus}$构成了神经网络。有两种不同的连接神经元的方式，因而有两种神经网络：**前馈神经网络**（feedforward network）和**递归神经网络**（recurrent network）。前馈网络是最基本的神经网络。它们之所以被称为前馈，是因为它们只包含前馈连接，而且前馈网络中的信息是单向流动的：从输入 $\boldsymbol{x}$ 通过隐藏层节点到输出 y。前馈网络中的节点和连接形成一个有向无环图。除了前馈连接外，递归网络还包含反馈连接，通过反馈连接，网络输出的信息可以反馈到其输入或内部节点。本节将集中讨论前馈神经网络。递归神经网络将在 3.3.1 节介绍。

前馈网络通常按层组织。前馈网络包含一个输入层、一个输出层，以及（可选择）输入层和输出层之间的多个中间层。这些中间层也被称为隐藏层。感知机是一个只有输入层和输出层的前馈网络。在前馈网络中，隐藏层和输出层的节点通常只接受其前

　$^{\ominus}$　在本书中，当涉及神经网络时，我们会交替使用"节点"或"神经元"的称呼。

一层的节点的输入[⊖]。

图 3.2 展示了一个四层的前馈网络，其中输入层有 5 个节点（即输入是 5 维向量），两个隐藏层各有 5 个节点，输出层有 4 个节点。这个网络可以用于 4 分类问题。在这个网络中，相邻两层节点是全连接的。这种全连接多层前馈网络又被称为多层感知机。

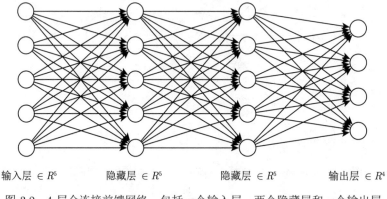

输入层 $\in R^5$　　　隐藏层 $\in R^5$　　　隐藏层 $\in R^5$　　　输出层 $\in R^4$

图 3.2　4 层全连接前馈网络，包括一个输入层、两个隐藏层和一个输出层

如图 3.2 所示，前馈网络的每一层都包含一组神经元。每一层的神经元可以用向量表示。每个神经元（除了输入层的神经元）与其输入神经元一起构成一个感知机。现在我们考虑一个 l 层的前馈网络，第 i 层包含 d_i 个节点。假设第一层是输入层，第 l 层是输出层。我们用 $\boldsymbol{x} \in R^{d_1}$ 代表输入样本的向量，$\boldsymbol{y} \in R^{d_l}$ 是前馈网络对应的输出；$\boldsymbol{h}^{(i)} \in R^{d_i}$ 是第 i 层神经元输出的数值，$i \in \{2, \cdots, l-1\}$；$\boldsymbol{b}^{(i)}$ 是第 i 层的偏置向量，$i \in \{2, \cdots, l\}$；$\boldsymbol{W}^{(i)}$ 是第 $i-1$ 层到第 i 层的参数/权重矩阵，$i \in \{2, \cdots, l\}$，其中 $W^{(i)}_{j,k}$ 是连接第 $i-1$ 层的第 j 个神经元和第 i 层的第 k 个节点的参数。数学上，我们有

$$\boldsymbol{h}^{(i)} = g^{(i)}(\boldsymbol{W}^{(i)}\boldsymbol{h}^{(i-1)} + \boldsymbol{b}^{(i)}), \forall i \in \{2, \cdots, l-1\}$$

$$\boldsymbol{y} = \boldsymbol{W}^{(l)}\boldsymbol{h}^{(l-1)} + \boldsymbol{b}^{(i)}$$

其中 $g^{(i)}$ 是第 i 层逐元的激活函数，$i \in \{2, \cdots, l-1\}$。

在早期的神经网络中，Sigmoid 函数 (公式(3.3)) 和 TanH 函数 (公式(3.4)) 经常被用作激活函数。

$$g(z) = \sigma(z) = \frac{1}{1 + \mathrm{e}^{-z}} \tag{3.3}$$

$$g(z) = \tanh(z) = \frac{\mathrm{e}^z - \mathrm{e}^{-z}}{\mathrm{e}^z + \mathrm{e}^{-z}} \tag{3.4}$$

⊖　后来提出的神经网络中，一个节点可能会接受来自多个层的输入，详见 3.2 节和 3.3.3 节。

线性整流函数 (Rectified Linear Unit，ReLU) (公式(3.5))[38] 及其变种（例如 leaky ReLU (公式(3.6))[36] 和参数化的 leaky ReLU (公式(3.7))[16]）在深度神经网络中被广泛应用。

$$g(z) = \begin{cases} 0 & z \leqslant 0 \\ z & z > 0 \end{cases} \tag{3.5}$$

$$g(z) = \begin{cases} 0.01z & z \leqslant 0 \\ z & z > 0 \end{cases} \tag{3.6}$$

$$g(z) = \begin{cases} \alpha z & z \leqslant 0 \\ z & z > 0 \end{cases} \tag{3.7}$$

其中 α 是待学习的参数。

3.2 卷积神经网络

多层感知机是全连接的前馈网络，即一层中的每个神经元都与下一层的所有神经元相连。全连接会使网络参数增加，使网络的计算成本很高，而且容易对训练数据过拟合。假设我们需要对尺寸为 1000×1000 的图像进行分类。如果我们使用隐藏层包含 10 000 个神经元的多层感知机，那么网络将有 100 亿个参数（$1000 \times 1000 \times 10\,000$）连接输入层和隐藏层。显然，具有大量参数的多层感知机在计算上是负担不起的，而且容易过拟合。它们不是处理图像等高维度二维数据的好选择。

卷积神经网络（Convolutional Neural Network，CNN）是一类特殊的前馈网络，它因卷积操作而闻名并以其命名。由于卷积操作，卷积神经网络可以有效地处理二维格点状数据，例如计算机视觉中的图像和视频⊖。

受生物过程 [24] 的启发，卷积操作采用下述两种思想显著提升计算效率：稀疏连接和参数共享。卷积层中的神经元只和前一层若干神经元（也叫作感受野）连接，并且这些连接的权重在同一层的所有神经元之间共享。这些共享的权重构成了卷积核或者过滤器。假设一个卷积核的感受野是 10×10，即它和前一层的 100 个神经元连接。当这个卷积核和尺寸为 1000×1000 的图像进行卷积时，假设卷积核的移动不会产生重叠

⊖ 卷积神经网络也被扩展到序列数据，例如金融中的时间序列以及自然语言处理中的文本序列 [13]。

区，那么卷积层会有 10 000 个输出神经元。这个卷积操作需要 101 个参数，其中 100
个是连接权重，另外一个是偏置项。相比全连接网络，卷积神经网络显著高效。

彩色图像可以表示成三维的张量，每个维度分别代表宽度、高度和深度。我们可以
用三维卷积核处理彩色图像。如果卷积层包含多个卷积核，如图 3.3 所示，则该层的输
出也是一个三维张量。

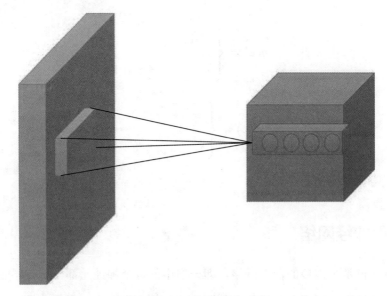

图 3.3 具有三维卷积核的卷积层

池化操作是一种非线性降采样操作，是卷积神经网络中的另一个重要操作。如
图 3.4 所示，池化操作将输入的图像分割为一组不相交的矩形，并且对于每一个子
区域，输出的值为该区域中的最大值。这种操作叫作最大池化⊖。经过降采样，池化可
以减小图像表示的空间尺寸、参数数目（因此可以削弱过拟合）、占用的内存以及计算
代价。

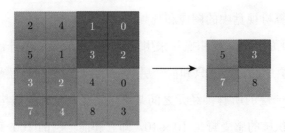

图 3.4 具有 2×2 卷积核的最大池化

⊖ 其他的池化操作包括平均池化、L2 池化等。

如图 3.5 所示，卷积神经网络由卷积层、池化层和全连接（Fully Connected，FC）层构成。卷积层和全连接层都使用线性整流函数作为激活函数。$M/N/K$ 表示将对应的模块重复堆叠 $M/N/K$ 次。图 3.6展示的是 16 层 VGG 网络 [51]，一种被广泛应用的卷积神经网络。

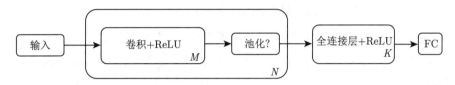

图 3.5　卷积神经网络架构的抽象，"池化？"意味着在每 M 个卷积层之后有一个可选的池化层

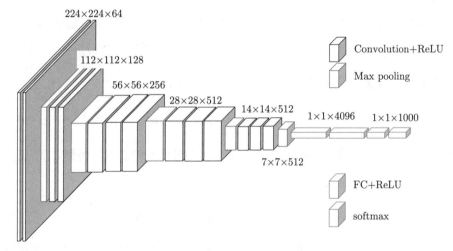

图 3.6　16 层的 VGG 网络，这里没有展示无可学习参数的网络层，例如输入层和输出层（见彩插）

除了基本的卷积和池化操作，人们也在不断提出新的操作和模块，来改善计算机视觉任务中的卷积神经网络。例如，文献 [55] 中提出了 inception 模块来改进卷积神经网络的计算效率。在 ResNet[17] 网络中引入残差连接（residual connection）来训练极其深的 CNN 网络（多至 1000 层）。DenseNet 网络 [22] 中引入稠密连接层来鼓励特征重用并减少参数量。

3.3　序列建模

序列数据在很多应用中非常常见，例如在机器翻译、文本分类、语音识别、时间序列分析等应用中。人们设计了不同的网络（例如递归神经网络以及 Transformer 网络）

来处理序列数据。

3.3.1 递归神经网络及其变种

序列的可变长度是处理序列数据时所面临的主要挑战。前馈网络难以直接处理序列数据。为了解决变长的问题，递归神经网络（Recurrent Neural Network，RNN）利用参数共享的优势，用同一组参数处理序列不同位置的输入。以句子分类为例，$(\boldsymbol{x}^{(1)}, \boldsymbol{x}^{(2)}, \cdots, \boldsymbol{x}^{(n)})$ 表示长度为 n 的句子，其中 $\boldsymbol{x}^{(t)}$ 表示第 t 个单词。RNN 利用递归函数，根据第 t 个位置的单词 $\boldsymbol{x}^{(t)}$ 和上一时刻的隐状态 $\boldsymbol{h}^{(t-1)}$ 来计算当前时刻的隐状态 $\boldsymbol{h}^{(t)}$：

$$\boldsymbol{h}^{(t)} = f(\boldsymbol{h}^{(t-1)}, \boldsymbol{x}^{(t)}; \boldsymbol{\theta}) \tag{3.8}$$

其中 $\boldsymbol{\theta}$ 是 RNN 的参数。$\boldsymbol{\theta}$ 和位置无关并且被句子中所有位置的单词共享。因此，无论句子多长，都可以被 RNN 用一组固定的参数进行处理。将这个函数展开，我们会得到：

$$\boldsymbol{h}^{(t)} = f(f(f(\boldsymbol{h}^{(t-3)}, \boldsymbol{x}^{(t-2)}; \boldsymbol{\theta}), \boldsymbol{x}^{(t-1)}; \boldsymbol{\theta}), \boldsymbol{x}^{(t)}; \boldsymbol{\theta})$$

$$= f(f(f(\cdots f(f(f(\boldsymbol{h}^{(0)}, \boldsymbol{x}^{(1)}; \boldsymbol{\theta}), \boldsymbol{x}^{(2)}; \boldsymbol{\theta}), \boldsymbol{x}^{(3)}; \boldsymbol{\theta}), \cdots, \boldsymbol{x}^{(t-1)}; \boldsymbol{\theta}), \boldsymbol{x}^{(t)}; \boldsymbol{\theta})$$

可以看出，$\boldsymbol{h}^{(t)}$ 由到位置 t 的单词编码得到，$\boldsymbol{h}^{(n)}$ 由整个句子编码得到。

上述递归函数的一个简单实现如下：

$$\boldsymbol{h}^{(t)} = f(\boldsymbol{h}^{(t-1)}, \boldsymbol{x}^{(t)}; \boldsymbol{\theta}) = \sigma(\boldsymbol{W}_{hh}\boldsymbol{h}^{(t-1)} + \boldsymbol{W}_{xh}\boldsymbol{x}^{(t)} + \boldsymbol{b})$$

其中 $\boldsymbol{\theta} = (\boldsymbol{W}_{hh}, \boldsymbol{W}_{xh}, \boldsymbol{b})$，$\boldsymbol{b}$ 是偏置向量，$\sigma()$ 是激活函数，$\boldsymbol{W}_{xh}$ 是输入到隐状态的权重矩阵，$\boldsymbol{W}_{hh}$ 是从隐状态到隐状态的权重矩阵。

对于句子分类任务，如图 3.7所示，我们选择最后一个隐状态 $\boldsymbol{h}^{(n)}$ 作为整句的表示，并利用另一个权重矩阵 $\boldsymbol{W}_{hy}$ 把它连接到输出节点 $\boldsymbol{y}^{(n)}$：

$$\boldsymbol{y}^{(n)} = \boldsymbol{W}_{hy}\boldsymbol{y}^{(n)} + \boldsymbol{c} \tag{3.9}$$

其中 $\boldsymbol{c}$ 是偏置向量。我们可以利用 softmax() 函数将输出 $\boldsymbol{y}^{(n)}$ 转化为概率分布。

对于序列分类任务，我们只需要预测输入序列的类别标签。对于序列建模任务，例如语言模型（language modeling）和语篇标记（part-of-speech tagging），序列中的每一个单词/符号都需要对应的标签，如图 3.8所示。相应地，我们可以将每一个单词的隐状态都连接到一个输出节点来获得对应标签：

$$\boldsymbol{y}^{(t)} = \boldsymbol{W}_{hy}\boldsymbol{y}^{(t)} + \boldsymbol{c}$$

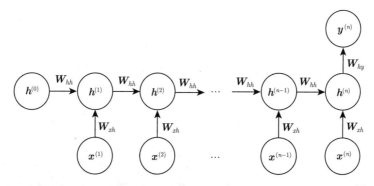

图 3.7　用于序列（句子）分类的递归神经网络。图中所有的节点都是向量。$h^{(0)}$ 可视作零向量，为简单起见，省略偏置向量 b 和 c。对于自然语言处理中的序列分类任务，$x^{(i)}$ 是第 i 个单词的单词嵌入

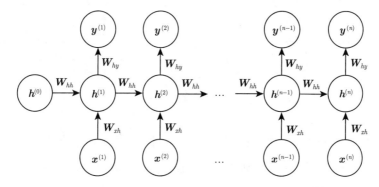

图 3.8　用于序列标注的递归神经网络。图中所有的节点都是向量。$h^{(0)}$ 可视为零向量，为了简单起见，省略了偏置向量 b 和 c

图 3.7 和图 3.8 展示了只有一个隐藏层的不同任务的递归神经网络。通过增加隐藏层数目，我们可以获得更深的 RNN。图 3.9 展示的是具有两个隐藏层的 RNN。

RNN 的训练是困难的，尤其是对于长序列。这是因为梯度经过多步传播之后可能导致梯度消失（当 W_{hh} 最大特征值的绝对值小于 1 并且不接近 1 时）或者梯度爆炸（当 W_{hh} 最大特征值的绝对值大于 1 并且不接近 1 时）现象。这种困难叫作长距离依赖的挑战。为了解决这个挑战，人们提出了多种 RNN 的变种。LSTM（Long Short Term Memory）网络 [19] 和 GRU（Gated Recurrent Unit）网络 [3] 是两种使用最广泛的变种。

3.3.2　编码器-解码器架构

序列到序列（seq2seq）建模是序列建模任务的一种，它的输入是序列，输出也是序列。序列到序列的任务可覆盖多种常用任务，例如机器翻译、摘要生成、问题回答等。

上述任务和语篇标注任务的最大区别在于，seq2seq 任务的输入和输出长度不同，并且输入和输出对应位置的标签不能保证是对应的，而在语篇标注任务中，输入输出序列长度一致，并且第 i 个位置的输出是第 i 个位置的输入对应的标签。

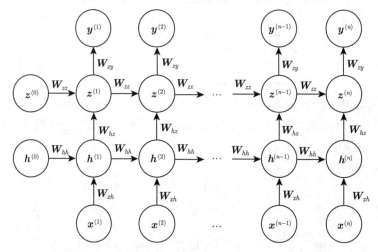

图 3.9　具有两个隐藏层的递归神经网络

编码器–解码器架构 [3,54] 被广泛利用，并且是序列到序列建模最主流的模型。图 3.10 以机器翻译为例阐述了编码器–解码器架构的核心思想，可以看到，该架构主要包含两个部分：

- 编码器 RNN⊖主要负责将输入序列编码为定长的向量（图中的 $h^{(4)}$），该向量接着被处理并作为上下文信息（图中的 C）传递给解码器。
- 解码器 RNN 接收编码器输出的上下文信息，然后按照从左至右的顺序逐词产生序列。

数学上，对于编码器，我们有

$$h^{(t)} = \mathrm{RNN}(h^{(t-1)}, x^{(t)}; \theta_{\mathrm{en}})$$

对于解码器，我们有

$$s^{(t)} = \mathrm{RNN}(s^{(t-1)}, y^{(t)}; \theta_{\mathrm{de}})$$

其中，θ_{en} 和 θ_{de} 分别是编码器 RNN 和解码器 RNN 的参数。我们通常让 $s^{(0)} = C$，并且将 $h^{(0)}$ 设置为零向量。

⊖　RNN 包含多个 RNN 单元，各个单元之间参数共享。

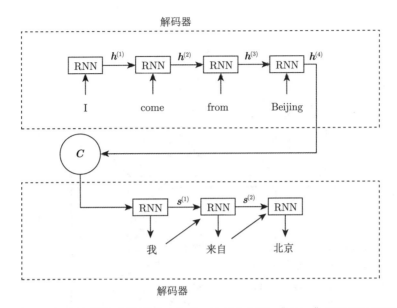

图 3.10　机器翻译中编码器–解码器基本架构。这里分别用 $\boldsymbol{h}^{()}$ 和 $\boldsymbol{s}^{()}$ 代表编码器和解码器
　　　　的隐状态。编码器和解码器中的 RNN 单元可以被替换成其他模块，例如 LSTM
　　　　单元或 GRU 单元

上述编码器–解码器架构的一个显著缺点是任何长度的输入都会被编码为定长向量，并且解码器只接收这个定长向量作为输入。使用定长向量不能很好地捕捉长序列或者复杂序列的语义信息 [3,54]。为了解决这个问题，在编码器–解码器架构中引入了注意力机制 [1]。

如图 3.11所示，解码器端第 i 个位置的隐状态 $\boldsymbol{s}^{(i)}$ 的获取依赖三个方面的信息：

$$\boldsymbol{s}^{(i)} = \mathrm{RNN}(\boldsymbol{s}^{(i-1)}, \boldsymbol{y}^{(i-1)}, \boldsymbol{C}^{(i)})$$

其中 $\boldsymbol{C}^{(i)}$ 是位置 i 的专用上下文向量，由注意力模块通过编码器的隐藏表征的线性组合生成：

$$\boldsymbol{C}^{(i)} = \sum_j \alpha_{i,j} \boldsymbol{h}^{(j)}$$

$\alpha_{i,j}$ 是注意力权重，代表解码器端隐状态 $\boldsymbol{s}^{(i)}$ 应赋予编码器端隐状态 $\boldsymbol{h}^{(j)}$ 多少权重。注意力权重可通过多种计算方式计算，一种通用的计算方法是

$$\alpha_{i,j} = \mathrm{softmax}_j(\beta_{i,j}) = \frac{\exp(\beta_{i,j})}{\sum_j \exp(\beta_{i,j})}$$

其中

$$\beta_{i,j} = \left(\boldsymbol{s}^{(i-1)}\right)^{\mathrm{T}} \boldsymbol{h}^{(j)}$$

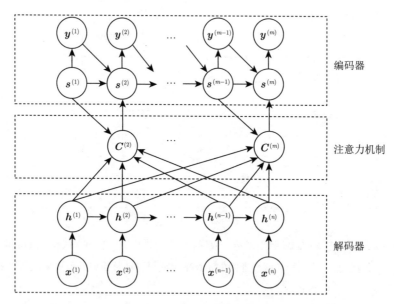

图 3.11　编码器–解码器–注意力机制架构。$\boldsymbol{C}^{(i)}$ 是解码器端第 i 个位置的上下文向量

当考虑两个解码位置 i 和 k 时，由于 $\boldsymbol{s}^{(i-1)}$ 与 $\boldsymbol{s}^{(k-1)}$ 通常不同，$\beta_{i,j}$ 和 $\alpha_{i,j}$ 也将不同于 $\beta_{k,j}$ 和 $\alpha_{k,j}$。因此，在不同位置生成隐状态 $\boldsymbol{s}^{(i)}$（也就是 $\boldsymbol{y}^{(i)}$）的同时，解码器可以关注并注意到输入句子的不同部分和单词（用 $\boldsymbol{h}^{(j)}$ 表示）。也就是说，注意力模块为每个解码器步骤产生不同的上下文信息，因而有助于从编码器向解码器传递更丰富的信息。

3.3.3　Transformer 网络

Transformer[58] 是迄今为止效果最好的网络。它最初是为神经机器翻译和其他的语言生成任务而提出的，而后很快被拓展到其他领域，包括预训练 [7,45,52]、计算机视觉 [14,43]、语音处理 [8,47] 以及音乐创作 [21] 等。

Transformer 抛弃了 RNN 中的递归单元，完全采用注意力机制。图 3.12 展示了 Transformer 模型的基本架构。

Transformer 编码器由 N 个结构相同但参数不同的网络层构成，每层包含两个子层：自我注意力机制网络（它是一个多头注意力机制层）和简单逐位点连接的前馈网络。每个子层都包括残差连接和层归一化处理。

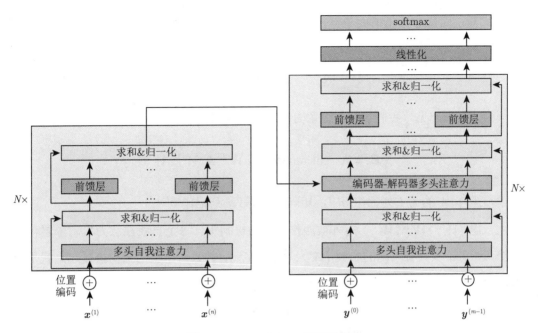

图 3.12　Transformer 模型架构

解码器结构和编码器大体相同，主要差异包括两点：（1）解码器引入了第三个子层，它将编码器最后一层的输出利用多头注意力机制和自身产生关联；（2）自我注意力机制网络引入了掩码层，目的是当产生第 i 个位置的单词的时候，它只能依赖第 i 个位置之前的隐状态，而不依赖第 i 个位置后面的隐状态。

Transformer 的关键创新点在于多头自我注意力机制的应用。我们先介绍自我注意力机制，然后介绍多头注意力机制。

自我注意力机制的输入是一组向量 $a^{(1)}, a^{(2)}, \cdots, a^{(n)}$，输出是另一组向量 $b^{(1)}, b^{(2)}, \cdots, b^{(n)}$。

- 自我注意力机制引入三个参数矩阵 W^Q、W^K 和 W^V。利用这些参数矩阵，输入向量 $a^{(i)}$ 会被映射为查询词向量 $q^{(i)}$、关键字向量 $k^{(i)}$ 和值向量 $v^{(i)}$：

$$q^{(i)} = W^Q a^{(i)}, \quad k^{(i)} = W^K a^{(i)}, \quad v^{(i)} = W^V a^{(i)}$$

- 注意力权重的计算依靠查询词向量和关键字向量：

$$\alpha_{i,j} = \mathrm{softmax}_j \left(\frac{q^{(i)} \cdot k^{(j)}}{\sqrt{d_K}} \right)$$

其中 d_K 是关键字向量的维度。二者的点积会除以 $\sqrt{d_K}$ 以实现归一化，从而在训练时得到稳定的梯度。

- 输出向量 $\boldsymbol{b}^{(i)}$ 由值向量经过注意力权重线性加权得到：

$$\boldsymbol{b}^{(i)} = \sum_j \alpha_{i,j} \boldsymbol{v}^{(j)}$$

为了简单起见，我们将自我注意力机制的函数定义为：

$$\boldsymbol{B} = \mathrm{Attention}(\boldsymbol{W}^Q \boldsymbol{A}, \boldsymbol{W}^K \boldsymbol{A}, \boldsymbol{W}^V \boldsymbol{A})$$

其中，矩阵 $\boldsymbol{A}$ 的第 i 列记作 $\boldsymbol{a}^{(i)}$，矩阵 $\boldsymbol{B}$ 的第 j 列记作 $\boldsymbol{b}^{(j)}$。

一组 $(\boldsymbol{W}^Q, \boldsymbol{W}^K, \boldsymbol{W}^V)$ 矩阵被叫作注意力机制头。每个自我注意力机制子层含有多个头，每个头具有不同的参数 $(\boldsymbol{W}_h^Q, \boldsymbol{W}_h^K, \boldsymbol{W}_h^V)$，并且多个头的输出拼接起来就是最终的输出。

Transformer 在多个方面超越了传统 RNN。首先，没有了递归操作的束缚，Transformer 避免了梯度爆炸和梯度消失的问题，并且更加容易训练。其次，没有了递归单元，Transformer 的训练可以并行化并且训练更加高效。最后，对于参数量相近的模型，Transformer 的准确率高于 RNN。鉴于上述优点，Transformer 在序列建模任务上逐渐取代 RNN，并成为自然语言处理的主流模型。

3.4 深度模型训练

和标准的机器学习算法类似，深度神经网络的训练旨在通过最小化训练集 D 上的损失函数 $J()$（或最大化奖励函数）寻找最优的网络参数 $\boldsymbol{\theta}$：

$$J(\boldsymbol{\theta}) = \frac{1}{|D|} \sum_{(\boldsymbol{x}, \boldsymbol{y}) \in D} l(f(\boldsymbol{x}; \boldsymbol{\theta}), \boldsymbol{y}) \tag{3.10}$$

其中 $f(; \boldsymbol{\theta})$ 是待优化的网络，参数为 $\boldsymbol{\theta}$，$l(f(\boldsymbol{x}; \boldsymbol{\theta}), \boldsymbol{y})$ 是定义在输入 $\boldsymbol{x}$ 和标准输出 $\boldsymbol{y}$ 上的损失函数。

当最小化上述 $J(\boldsymbol{\theta})$ 时，我们可能会面临如下挑战：

- 首先，训练集规模大。如表 1.1 所示，训练集可能包含数百万甚至上亿个样本。因此，梯度下降的方案不够有效，并且代价难以承受。
- 其次，由于神经网络高度非线性，损失函数 $J(\boldsymbol{\theta})$ 亦是高度非凸的。因此，想找寻它的全局最小值非常困难，甚至是不可能的。

- 最后，因为深度神经网络的参数可以多达百万甚至上亿个，这个数字通常大于训练样本数目，这会导致过拟合，即模型在训练集表现良好，但是在新数据上表现较差。

3.4.1　随机梯度下降法

为了解决第一个问题，深度学习中广泛使用随机梯度下降（Stochastic Gradient Descent，SGD）及其变种。使用 SGD 时，我们不在所有数据上计算梯度，而是在每次迭代中随机采样一批数据，根据采样的数据上的梯度进行模型更新。SGD 算法的细节见算法 1。

算法 1　随机梯度下降算法

要求： 学习率 γ_1、γ_2、$\cdots$

要求： 初始化模型参数 $\boldsymbol{\theta}$

1:　$t = 1$

2:　**repeat**

3:　　采样 m 个训练数据，将它们记作 B_t

4:　　计算模型在 B_t 上的梯度 $g_t = \dfrac{1}{m} \nabla_{\boldsymbol{\theta}} \sum_{(\boldsymbol{x}, \boldsymbol{y}) \in B_t} l(f(\boldsymbol{x}; \boldsymbol{\theta}), \boldsymbol{y})$

5:　　更新模型参数：$\boldsymbol{\theta} \leftarrow \boldsymbol{\theta} - \gamma_t g_t$

6:　　$t = t + 1$

7:　**until** 收敛

通常情况下，为了保证 SGD 算法收敛（收敛至局部最优），我们需要随着时间逐渐降低学习率 γ_t。保证 SGD 算法收敛的充分条件是

$$\sum_{t=1}^{\infty} \gamma_t = \infty$$

$$\sum_{t=1}^{\infty} \gamma_t^2 < \infty$$

在实际中，调整学习率的不同方案有：

- 每 n 步降低一次学习率，例如，每 100 个小批次将学习率乘以 0.5；
- 当验证集上的损失函数在一定步数内不再下降时，降低学习率。例如，如果 10 个小批次内损失函数不再下降，就将学习率乘以 0.1；

- 持续线性降低学习率: $\gamma_t = \left(1 - \dfrac{t}{\tau}\right)\gamma_0 + \dfrac{t}{\tau}\gamma_\tau$。$\tau$ 轮迭代之后，将学习率固定为 γ_τ。

- 指数降低学习率 $\gamma_t = \gamma_0 \exp^{-kt}$，其中 k 是常数。

人们提出了多种 SGD 变种来改进 SGD，例如带有动量的 SGD[44]、Nesterov SGD[39]、AdaGrad[10]、AdaDelta[63]、Adam[29] 等。优化算法的选择取决于具体的任务以及模型架构。

3.4.2　正则化

为了解决过拟合问题，人们提出了多种正则化策略并将其应用于深度学习，例如提前停止训练、数据增强、dropout 以及通过约束模型参数的范数控制模型表达能力等。

当过拟合发生时，存在一个现象：训练集上的损失函数持续下降，但是验证集上的损失函数从某一点 T_0 起开始上升。显然，我们可以选择 T_0 处的模型作为最终模型。尽管训练集上的损失函数仍在持续下降，也可以在 T_0 处停止训练。这种策略被称为**提前停止训练**。

最直接的避免过拟合的办法以及让模型泛化得更好的方案就是用更多的数据进行训练。由于收集有标数据通常成本昂贵且耗时，因此我们可以获得的训练数据始终是有限的。数据增强是通过从原始训练数据或其他未标记数据创建虚假数据来增加训练数据的有效方法。数据增强方法可能因特定的机器学习任务而异。

- 在计算机视觉任务中，训练集中的图像会用多种虚假数据进行扩充，扩充的办法包括随机旋转、尺寸调整、水平或竖直翻转、裁剪、颜色偏移或白化 [5,31-32,35]，以及将多个输入图像线性组合 [18,25,64]，它们对应的标签也来自原始图像。

- 数据加噪通过随机替换单词 [30] 或者单词嵌入 [12]、单词的随机掩码、单词或者部分句子的翻转增强数据 [9]。它也是自然语言处理中常用的技术 [61]。

Dropout[53] 是一种简单、计算效率高且有效的训练深度神经网络的正则化方法。对于每个训练样本或训练批次，它随机选择神经网络中的神经元（隐藏层或可见层的），将这些神经元对下游神经元的贡献在时间上从前向传递中移除，在后向传递中，任何权重更新都不应用于这些被放弃的神经元。当神经元在训练过程中被随机地从网络中剔除时，其他神经元将不得不介入并取代被剔除的神经元以做出正确的预测。这就减少了神经元之间的相互依赖。Dropout 可以被认为是许多神经网络的集合体：在训练期间，Dropout 从指数级数量（对于具有 n 个神经元的网络来说是 2^n）的不同"瘦身"网络中采样；在测试时，它近似于对所有这些"瘦身"网络的预测进行平均化的效果，简单地使用具有较小权重的单个未"瘦身"的网络。这种规模庞大的"瘦身"神经网络的集合大大减少了过拟合的概率。DropConnect[59] 将 Dropout 从随机丢弃神经元扩展到在训练中丢弃权重。

约束参数的范数是经典机器学习中广泛采用的策略。为了约束深度学习中参数，我们增加一个新的约束项 $\Omega(\boldsymbol{\theta})$，它是关于参数的范数。这一项被引入公式 (7.2) 中产生一个新的正则化的损失函数 $\hat{J}(\boldsymbol{\theta})$：

$$\hat{J}(\boldsymbol{\theta}) = J(\boldsymbol{\theta}) + \alpha\Omega(\boldsymbol{\theta}) = \frac{1}{|D|} \sum_{(\boldsymbol{x},\boldsymbol{y}) \in D} l(f(\boldsymbol{x};\boldsymbol{\theta}), \boldsymbol{y}) + \alpha\Omega(\boldsymbol{\theta}) \tag{3.11}$$

其中 α 是超参数。Ω 有多种选择，并且会有不同的结果。

L2 范数也叫作权重衰减，是一种简单且广泛应用的惩罚项：

$$\Omega(\boldsymbol{\theta}) = \frac{1}{2}\boldsymbol{\theta}^{\mathrm{T}}\boldsymbol{\theta} = \frac{1}{2}\sum_i \boldsymbol{\theta}_i^2$$

其中，我们假设模型参数 $\boldsymbol{\theta}$ 是向量，θ_i 是 $\boldsymbol{\theta}$ 的第 i 维分量。为了最小化 L2 正则损失函数，我们也需要最小化模型参数的范数。也就是说，当利用 L2 范数的时候，我们更希望选择的模型参数具有更小的范数，因而限制了模型容量。这是解决过拟合问题的最直接的办法。

L1 范数也被广泛利用。它的数学定义如下：

$$\Omega(\boldsymbol{\theta}) = ||\boldsymbol{\theta}||_1 = \sum_i |\theta_i|$$

使用 L1 正则化 [57] 表示我们希望得到的参数尽可能稀疏，即获得的模型有尽可能少的非零元素。

3.5　为什么选择深度神经网络

尽管人工神经网络的历史可以追溯到 60 年前的感知机 [48]，近十年这项技术重新获得关注并得到飞速发展，因为神经网络在众多领域（例如计算机视觉 [17,31]、语音处理 [47,62]、自然语言处理 [7,15] 以及游戏 [33,50] 等）取得了巨大的成功。成功的重要原因之一是网络层数得以加深，也就是深度神经网络。图 3.13展示了在 ImageNet 数据集

（ILSVRC 竞赛）上网络层数和错误率的关系。可以看到，图像分类的准确率和网络深度表现出强烈的正相关关系：2012 年提出的 AlexNet[31] 将错误率从 25.8%（传统的浅层模型）下降到 16.4%。2015 年，随着 152 层 ResNet[17] 的提出，错误率下降到 3.57%，比人类错误率 5.1% 还低。

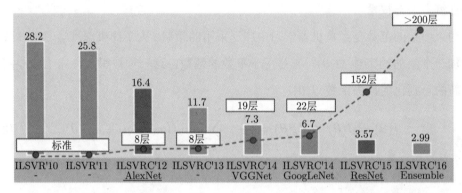

图 3.13　各模型在 ImageNet 数据集上的错误率和层数的关系。本图结果依据 https://sqlml.azurewebsites.net/2017/09/12/convolutional-neural-network/重构

一方面，深度学习取得了良好的实验效果。另一方面，研究人员寻求理论保证，揭示深度学习成功背后的原因。

一个研究方向是研究深度神经网络的表达力，力图证明深度网络比浅层网络有更好的表达力。早期的研究显示，神经网络在不同函数类的逼近中具有普遍逼近特性 [2,20,23,42,60]。普遍逼近定理指出，在对激活函数进行一定的假设下，具有单一隐藏层（加上输入层和输出层）的包含有限数量神经元的前馈网络可以很好地逼近 R^n 紧凑子集上的实值连续函数。尽管上述研究说明，当网络足够大时估计误差可以任意小，它们仍无法解释为什么深度网络效果更好。近期研究表明，浅层网络需要指数级别的隐藏层节点来逼近特定函数，而深层网络的隐藏层节点显著减少（例如，多项式级别的神经元数目）[6,11,34,37,46,56]。

深度神经网络高度非凸而且维度很高。寻找非凸函数的全局最优解通常是 NP 问题。因此，当我们增加网络层数时，除了表达力的提升之外，随之而来的包括优化难度的增加。

另一个理论研究方向是从优化的角度出发解释具有特定架构的深度神经网络比浅层网络有更好的优化属性。一些研究表明，在简化模型 [4,26] 或过参数化的假设下（例如，隐藏层的神经元数目多于训练样本数目 [40-41]），深度神经网络在全局最小值方面存在着理想的损失函数结构（例如，所有局部最小值都接近于全局最优）。一些研究进一步表明，在一些实际可满足的条件下，深度残差网络（ResNet）没有局部最小值高于相应标量值 [49] 或向量值 [27] 基函数模型的全局最小值。在没有任何简化假设（如简化模型或过参数化）时，Kawaguchi 等人 [28] 从理论上证明，对于平方损失的深度非线性神经网络而言，随着网络深度和宽度的增加，局部最小值趋于全局最小值。

参考文献

[1] Bahdanau, D., Cho, K., & Bengio, Y. (2015). Neural machine translation by jointly learning to align and translate. In *3rd International Conference on Learning Representations, ICLR 2015.*

[2] Barron, A. R. (1993). Universal approximation bounds for superpositions of a sigmoidal function. *IEEE Transactions on Information Theory, 39*(3), 930-945.

[3] Cho, K., van Merrienboer, B., Bahdanau, D., & Bengio, Y. (2014). On the properties of neural machine translation: Encoder-decoder approaches. In *Eighth Workshop on Syntax, Semantics and Structure in Statistical Translation (SSST-8), 2014.*

[4] Choromanska, A., Henaff, M., Mathieu, M., Arous, G. B., & LeCun, Y. (2015). The loss surfaces of multilayer networks. In *Artificial Intelligence and Statistics* (pp. 192-204).

[5] Cubuk, E. D., Zoph, B., Mane, D., Vasudevan, V., & Le, Q. V. (2019). Autoaugment: Learning augmentation strategies from data. In *Proceedings of the IEEE Conference on Computer Vision and Pattern Recognition* (pp. 113-123).

[6] Delalleau, O., & Bengio, Y. (2011). Shallow vs. deep sum-product networks. In *Advances in Neural Information Processing Systems* (pp. 666-674).

[7] Devlin, J., Chang, M.-W., Lee, K., & Toutanova, K. (2019). Bert: Pre-training of deep bidirectional transformers for language understanding. In *NAACL-HLT (1).*

[8] Dong, L., Xu, S., & Xu, B. (2018). Speech-transformer: a no-recurrence sequence-to-sequence model for speech recognition. In *2018 IEEE International Conference on Acoustics, Speech and Signal Processing (ICASSP)* (pp. 5884-5888). IEEE.

[9] Du, W., & Black, A. W. (2018). Data augmentation for neural online chats response selection. In *Proceedings of the 2018 EMNLP Workshop SCAI: The 2nd International Workshop on Search-Oriented Conversational AI* (pp. 52-58).

[10] Duchi, J., Hazan, E., & Singer, Y. (2011). Adaptive subgradient methods for online learning and stochastic optimization. *Journal of Machine Learning Research*, 12(Jul), 2121-2159.

[11] Eldan, R., & Shamir, O. (2016). The power of depth for feedforward neural networks. In *Conference on Learning Theory* (pp. 907-940).

[12] Gao, F., Zhu, J., Wu, L., Xia, Y., Qin, T., Cheng, X., et al. (2019). Soft contextual data augmentation for neural machine translation. In *Proceedings of the 57th Annual Meeting of the Association for Computational Linguistics* (pp. 5539-5544).

[13] Gehring, J., Auli, M., Grangier, D., Yarats, D., & Dauphin, Y. N. (2017). Convolutional sequence to sequence learning. In *Proceedings of the 34th International Conference on Machine Learning-Volume 70* (pp. 1243-1252). JMLR.org.

[14] Girdhar, R., Carreira, J., Doersch, C., & Zisserman, A. (2019). Video action transformer network. In *Proceedings of the IEEE Conference on Computer Vision and Pattern Recognition* (pp. 244-253).

[15] Hassan, H., Aue, A., Chen, C., Chowdhary, V., Clark, J., Federmann, C., et al. (2018). Achieving human parity on automatic chinese to english news translation. arXiv:1803.05567.

[16] He, K., Zhang, X., Ren, S., & Sun, J. (2015). Delving deep into rectifiers: Surpassing human-level performance on imagenet classification. In *Proceedings of the IEEE International Conference on Computer Vision* (pp. 1026-1034).

[17] He, K., Zhang, X., Ren, S., & Sun, J. (2016). Deep residual learning for image recognition. In *Proceedings of the IEEE Conference on Computer Vision and Pattern Recognition* (pp. 770-778).

[18] He, T., Zhang, Z., Zhang, H., Zhang, Z., Xie, J., & Li, M. (2019). Bag of tricks for image classification with convolutional neural networks. In *Proceedings of the IEEE Conference on Computer Vision and Pattern Recognition* (pp. 558-567).

[19] Hochreiter, S., & Schmidhuber, J. (1997). Long short-term memory. *Neural Computation*, 9(8), 1735-1780.

[20] Hornik, K., Stinchcombe, M., & White, H. (1990). Universal approximation of an unknown mapping and its derivatives using multilayer feedforward networks. *Neural Networks*, 3(5), 551-560.

[21] Huang, C.-Z. A., Vaswani, A., Uszkoreit, J., Simon, I., Hawthorne, C., Shazeer, N., et al. (2019). Music transformer: Generating music with long-term structure. In *International Conference on Learning Representations*.

[22] Huang, G., Liu, Z., Van Der Maaten, L., & Weinberger, K. Q. (2017). Densely connected convolutional networks. In *Proceedings of the IEEE Conference on Computer Vision and Pattern Recognition* (pp. 4700-4708).

[23] Huang, G.-B., Chen, L., Siew, C. K., et al. (2006). Universal approximation using incremental constructive feedforward networks with random hidden nodes. *IEEE Trans. Neural Networks*, 17(4), 879-892.

[24] Hubel, D. H., & Wiesel, T. N. (1968). Receptive fields and functional architecture of monkey striate cortex. *The Journal of Physiology*, 195(1), 215-243.

[25] Inoue, H. (2018). Data augmentation by pairing samples for images classification. Preprint. arXiv:1801.02929.

[26] Kawaguchi, K. (2016). Deep learning without poor local minima. In *Advances in Neural Information Processing Systems* (pp. 586-594).

[27] Kawaguchi, K., & Bengio, Y. (2019). Depth with nonlinearity creates no bad local minima in resnets. *Neural Networks*, 118, 167-174.

[28] Kawaguchi, K., Huang, J., & Kaelbling, L. P. (2019). Effect of depth and width on local minima in deep learning. *Neural Computation*, 31(7), 1462-1498.

[29] Kingma, D. P., & Ba, J. (2014). Adam: A method for stochastic optimization. Preprint. arXiv:1412.6980.

[30] Kobayashi, S. (2018). Contextual augmentation: Data augmentation by words with paradigmatic relations. In *Proceedings of the 2018 Conference of the North American Chapter of the Association for Computational Linguistics: Human Language Technologies, Volume 2 (Short Papers)* (pp. 452-457).

[31] Krizhevsky, A., Sutskever, I., & Hinton, G. E. (2012). Imagenet classification with deep convolutional neural networks. In *Advances in Neural Information Processing Systems* (pp. 1097-1105).

[32] Lemley, J., Bazrafkan, S., & Corcoran, P. (2017). Smart augmentation learning an optimal data augmentation strategy. *Ieee Access*, 5, 5858-5869.

[33] Li, J., Koyamada, S., Ye, Q., Liu, G., Wang, C., Yang, R., et al. (2020). Suphx: Mastering mahjong with deep reinforcement learning. Preprint. arXiv:2003.13590.

[34] Liang, S., & Srikant, R. (2019). Why deep neural networks for function approximation? In *5th International Conference on Learning Representations, ICLR 2017*.

[35] Lim, S., Kim, I., Kim, T., Kim, C., & Kim, S. (2019). Fast autoaugment. In *Advances in Neural Information Processing Systems* (pp. 6662-6672).

[36] Maas, A. L., Hannun, A. Y., & Ng, A. Y. (2013). Rectifier nonlinearities improve neural network acoustic models. In *Proc. ICML* (vol. 30, p. 3).

[37] Montufar, G. F., Pascanu, R., Cho, K., & Bengio, Y. (2014). On the number of linear regions of deep neural networks. In *Advances in Neural Information Processing Systems* (pp. 2924-2932).

[38] Nair, V., & Hinton, G. E. (2010). Rectified linear units improve restricted boltzmann machines. In *Proceedings of the 27th International Conference on Machine Learning (ICML-10)* (pp. 807-814).

[39] Nesterov, Y. (1983). A method for unconstrained convex minimization problem with the rate of convergence o $(1/k^2)$. In *Doklady an USSR* (vol. 269, pp. 543-547).

[40] Nguyen, Q., & Hein, M. (2017). The loss surface of deep and wide neural networks. In *Proceedings of the 34th International Conference on Machine Learning-Volume 70* (pp. 2603-2612). JMLR.org.

[41] Nguyen, Q., & Hein, M. (2018). Optimization landscape and expressivity of deep cnns. In *International Conference on Machine Learning* (pp. 3730-3739).

[42] Park, J., & Sandberg, I. W. (1991). Universal approximation using radial-basis-function networks. *Neural Computation*, 3(2), 246-257.

[43] Parmar, N., Vaswani, A., Uszkoreit, J., Kaiser, L., Shazeer, N., Ku, A., et al. (2018). Image transformer. In *International Conference on Machine Learning* (pp. 4055-4064).

[44] Qian, N. (1999). On the momentum term in gradient descent learning algorithms. *Neural Networks*, 12(1), 145-151.

[45] Radford, A., Narasimhan, K., Salimans, T., & Sutskever, I. (2018). Improving language understanding by generative pre-training.

[46] Raghu, M., Poole, B., Kleinberg, J., Ganguli, S., & Dickstein, J. S. (2017). On the expressive power of deep neural networks. In *Proceedings of the 34th International Conference on Machine Learning-Volume 70* (pp. 2847-2854). JMLR.org.

[47] Ren, Y., Ruan, Y., Tan, X., Qin, T., Zhao, S., Zhao, Z., et al. (2019). Fastspeech: Fast, robust and controllable text to speech. In *Advances in Neural Information Processing Systems* (pp. 3165-3174).

[48] Rosenblatt, F. (1958). The perceptron: a probabilistic model for information storage and organization in the brain. *Psychological Review*, 65(6), 386.

[49] Shamir, O. (2018). Are resnets provably better than linear predictors? In *Advances in Neural Information Processing Systems* (pp. 507-516).

[50] Silver, D., Huang, A.,Maddison, C. J., Guez, A., Sifre, L., Van Den Driessche, G., et al. (2016). Mastering the game of go with deep neural networks and tree search. *Nature*, 529(7587), 484.

[51] Simonyan, K., & Zisserman, A. (2014). Very deep convolutional networks for large-scale image recognition. Preprint. arXiv:1409.1556.

[52] Song, K., Tan, X., Qin, T., Lu, J., & Liu, T.-Y. (2019). Mass:Masked sequence to sequence pretraining for language generation. In *International Conference on Machine Learning* (pp. 5926-5936).

[53] Srivastava, N., Hinton, G., Krizhevsky, A., Sutskever, I., & Salakhutdinov, R. (2014). Dropout: a simple way to prevent neural networks from overfitting. *The Journal of Machine Learning Research*, 15 (1), 1929-1958.

[54] Sutskever, I., Vinyals, O., & Le, Q. V. (2014). Sequence to sequence learning with neural networks. In *Advances in Neural Information Processing Systems* (pp.3104-3112).

[55] Szegedy, C., Liu, W., Jia, Y., Sermanet, P., Reed, S., Anguelov, D., et al. (2015). Going deeper with convolutions. In *Proceedings of the IEEE Conference on Computer Vision and Pattern Recognition* (pp. 1-9).

[56] Telgarsky, M. (2016). benefits of depth in neural networks. In *Conference on Learning Theory* (pp. 1517-1539).

[57] Tibshirani, R. (1996). Regression shrinkage and selection via the lasso. *Journal of the Royal Statistical Society: Series B (Methodological)*, 58(1), 267-288.

[58] Vaswani, A., Shazeer, N., Parmar, N., Uszkoreit, J., Jones, L., Gomez, A. N., et al. (2017). Attention is all you need. In *Advances in Neural Information Processing Systems* (pp.5998-6008).

[59] Wan, L., Zeiler, M., Zhang, S., Le Cun, Y., & Fergus, R. (2013). Regularization of neural networks using dropconnect. In *International Conference on Machine Learning* (pp. 1058-1066).

[60] Wang, L.-X., & Mendel, J. M. (1992). Fuzzy basis functions, universal approximation, and orthogonal least-squares learning. *IEEE Transactions on Neural Networks*, 3(5), 807-814.

[61] Xie, Z., Wang, S. I., Li, J., Lévy, D., Nie, A., Jurafsky, D., et al. (2019). Data noising as smoothing in neural network language models. In *5th International Conference on Learning Representations, ICLR 2017.*

[62] Xiong, W., Droppo, J., Huang, X., Seide, F., Seltzer, M., Stolcke, A., et al. (2016). Achieving human parity in conversational speech recognition. Preprint. arXiv:1610.05256.

[63] Zeiler, M. D. (2012). Adadelta: an adaptive learning rate method. Preprint. arXiv:1212.5701.

[64] Zhang, H., Cisse, M., Dauphin, Y. N., & Lopez-Paz, D. (2017). mixup: Beyond empirical risk minimization. Preprint. arXiv:1710.09412.

02

第二部分

对偶重构

　　虽然任务之间的结构对偶性可以从不同的角度进行解释，并以不同的方式加以利用，但对偶学习首次正式提出并研究基于对偶重构准则的无标签数据学习。这一部分将重点讨论这一准则，并介绍几种针对不同任务——包括机器翻译（第4章）、图像到图像翻译（第5章）以及语音合成和识别（第6章）——的对偶学习算法。

第 4 章

对偶学习在机器翻译中的应用及拓展

如前文所述,对偶学习广泛应用于各个领域,例如机器翻译、图像翻译、语音处理、文本摘要、代码生成以及注释等。本章集中讨论机器翻译。对偶学习的研究始于机器翻译这一应用。我们将介绍若干基于对偶重构准则的半监督和无监督神经机器翻译的代表性算法。

本章重点讨论神经机器翻译,并介绍基于对偶重构准则利用无标签数据的算法。我们首先简要介绍机器翻译和神经机器翻译(Neural Machine Translation,NMT),然后阐述对偶重构准则,接着介绍 NMT 的对偶半监督算法和对偶无监督算法,最后介绍利用对偶重构准则来改善机器翻译以外的其他自然语言处理的工作。

4.1 机器翻译简介

机器翻译是计算语言学的一个子领域,它专注于将文本和语音从一种语言到另一种语言的翻译[⊖]。机器翻译有很长的历史,最早的相关研究可以追溯到 17 世纪。机器翻译的雏形在 20 世纪 50 年代出现[⊜],从那之后,机器翻译的发展经历了几个阶段:

- 基于规则的机器翻译(Rule-Based Machine Translation,RBMT)[27-28]。这类

⊖ 本章集中讨论文本翻译。

⊜ https://en.wikipedia.org/wiki/Georgetown-IBM_experiment。

翻译系统主要依赖于双语字典和一系列手工编写的语言规则，这些在实际应用中通常比较受限。

- 统计机器翻译（Statistical Machine Translation，SMT）[4,19] 利用统计学方法实现翻译，翻译模型的参数通过在双语数据上学习获得。SMT 不需要引入字典和规则，是数据驱动的方法。

- 神经机器翻译（Neural Machine Translation，NMT）[3,14] 是迄今为止效果最好的机器翻译技术。NMT 使用深度神经网络翻译，从双语数据中拟合模型参数。因此，NMT 也是靠数据驱动的模型，不需要字典和规则。

4.1.1 神经机器翻译

从机器学习的视角来说，机器翻译是一种序列到序列的任务，目的是将源语言的序列转化为目标语言的序列。神经机器翻译系统的典型结构是编码器–解码器架构：编码器神经网络用来编码源语言序列，解码器用来解码和产生对应的目标语言的序列。这种结构旨在学习从源语言到目标语言的条件概率映射 $P(\boldsymbol{y}|\boldsymbol{x})$，其中 $\boldsymbol{x} = \{\boldsymbol{x}_1, \boldsymbol{x}_2, \cdots, \boldsymbol{x}_{T_x}\}$ 代表源语言序列，$\boldsymbol{y} = \{\boldsymbol{y}_1, \boldsymbol{y}_2, \cdots, \boldsymbol{y}_{T_y}\}$ 表示目标语言序列，$\boldsymbol{x}_i$ 和 $\boldsymbol{y}_j$ 分别代表 $\boldsymbol{x}$ 和 $\boldsymbol{y}$ 中的第 i 和第 j 个单词。

正如 3.3 节所述，编码器和解码器网络可以是递归神经网络 [3,36]、卷积神经网络 [11] 或 Transformer 网络 [38]。为了简单起见，我们以递归神经网络为例介绍机器翻译的基本工作原理。

NMT 系统的编码器逐词读取源语言序列 $\boldsymbol{x}$ 并产生 T_x 个对应的隐状态：

$$\boldsymbol{h}_i = f(\boldsymbol{h}_{i-1}, \boldsymbol{x}_i) \tag{4.1}$$

其中 $\boldsymbol{h}_i$ 是第 i 个位置的隐状态，f 是递归单元（例如 LSTM [36] 或 GRU [7]）。之后，解码器利用之前已经翻译得到的单词 $\boldsymbol{y}_{<t}$ 以及源语言句子 $\boldsymbol{x}$ 计算第 t 个单词 $\boldsymbol{y}_t$ 的概率，即 $P(\boldsymbol{y}_t|\boldsymbol{y}_{<t}, \boldsymbol{x})$。根据概率链式法则，$P(\boldsymbol{y}|\boldsymbol{x})$ 可以表示为：

$$P(\boldsymbol{y}_t|\boldsymbol{y}_{<t}, \boldsymbol{x}) \propto \exp(\boldsymbol{y}_t; \boldsymbol{s}_t, \boldsymbol{c}_t) \tag{4.2}$$

$$\boldsymbol{s}_t = g(\boldsymbol{s}_{t-1}, \boldsymbol{y}_{t-1}, \boldsymbol{c}_t) \tag{4.3}$$

$$\boldsymbol{c}_t = q(\boldsymbol{s}_{t-1}, \boldsymbol{h}_1, \cdots, \boldsymbol{h}_{T_x}) \tag{4.4}$$

其中 $\boldsymbol{s}_t$ 是解码器在 t 时刻的隐状态，$\boldsymbol{c}_t$ 代表从编码器端的隐状态得到的用来生成 $\boldsymbol{y}_t$

的上下文信息。c_t 可以是归纳 $\boldsymbol{x}$ 的全局信号 [7,36]，例如 $c_1 = \cdots = c_{T_y} = \boldsymbol{h}_{T_x}$，也可以是通过注意力机制得到的局部信号 [3]：

$$\boldsymbol{c}_t = \sum_{i=1}^{T_x} \alpha_i \boldsymbol{h}_i$$

$$\alpha_i = \frac{\exp\{a(\boldsymbol{h}_i, \boldsymbol{s}_{t-1})\}}{\sum_j \exp\{a(\boldsymbol{h}_j, \boldsymbol{s}_{t-1})\}}$$

其中 $a(\cdot, \cdot)$ 是前馈神经网络。

我们将所有待优化的参数记作 $\boldsymbol{\theta}$，并且用 $\mathcal{D}$ 表示含有源语言–目标语言的训练数据对。NMT 的训练是为了搜寻最优参数 $\boldsymbol{\theta}^*$，使如下似然函数最大化：

$$\boldsymbol{\theta}^* = \arg\max_{\boldsymbol{\theta}} \frac{1}{|\mathcal{D}|} \sum_{(\boldsymbol{x},\boldsymbol{y}) \in \mathcal{D}} \sum_{t=1}^{T_y} \log P(\boldsymbol{y}_t | \boldsymbol{y}_{<t}, \boldsymbol{x}; \boldsymbol{\theta}) \tag{4.5}$$

4.1.2　回译技术

统计机器翻译和神经机器翻译都依赖大量的双语语料。然而，双语语料通常规模受限而且需要花费大量人力财力进行标注。相比之下，大规模无标数据可以以很低的代价获取。在统计机器翻译中，无标数据用来训练语言模型，以提升翻译的流畅度 [19]。

在神经机器翻译中，在对偶学习之前，很多利用无标数据的方案已经被提出，例如和语言模型进行混合 [12-13]、回译技术 [31] 等。考虑到对偶学习和回译技术（back translation）相关，本节先介绍该技术。

回译技术的核心思想很简单。假设我们的目标是实现从 X 语言到 Y 语言的翻译。回译技术会利用 Y 语言的无标数据改善翻译质量。为了使用这项技术，我们首先训练一个反向模型 g，它能够实现从 Y 语言到 X 语言的翻译。对于给定的目标语言无标数据，我们用 g 将它们翻译为 X 语言，获得对应的伪句子对。将这个数据集记作 $\mathcal{D}_S$。之后，利用原本的人工标记数据 $\mathcal{D}_H$ 和对应的伪数据对 $\mathcal{D}_S$ 训练 X 语言到 Y 语言的翻译模型：

$$\boldsymbol{\theta}^* = \arg\max_{\boldsymbol{\theta}} \sum_{(\boldsymbol{x},\boldsymbol{y}) \in \mathcal{D}_H} P(\boldsymbol{y}|\boldsymbol{x}; \boldsymbol{\theta}) + \sum_{(\boldsymbol{x}',\boldsymbol{y}) \in \mathcal{D}_S} P(\boldsymbol{y}|\boldsymbol{x}'; \boldsymbol{\theta}) \tag{4.6}$$

回译技术的有效性在小规模数据 [31] 和大规模数据上都得到了验证 [10]。

4.2　对偶重构准则

结构对偶性已在很多场合利用无标数据改善机器翻译，包括半监督学习[15]、无监督学习和多智能体学习[39]。它们都共享同样的对偶重构的思想。接下来我们会详细介绍。

注意到机器翻译通常以对偶形式出现，例如从 X 语言到 Y 语言的翻译以及从 Y 语言到 X 语言的翻译，如图 4.1 所示，对偶学习将两个翻译任务建模为两个智能体之间的通信游戏。

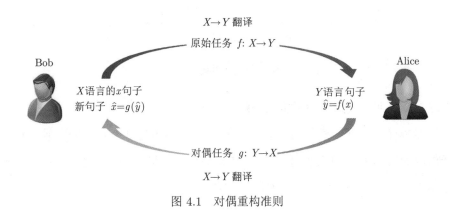

图 4.1　对偶重构准则

游戏中有两个人，只会讲 X 语言的 Bob 和只会讲 Y 语言的 Alice。他们想要彼此交流，使用了两个翻译模型来进行跨语言通信。当 Bob 想要和 Alice 谈话时：

- 他将信息 x（X 语言）利用前向翻译模型 f 经信道发送给 Alice；
- Alice 收到 Y 语言形式的信息 $\hat{y} = f(x)$；
- 为了检验 $\hat{y}$ 是否和 Bob 表述的内容一致，Alice 利用反向模型 g 经由另一个信道发送给 Bob。
- Bob 接收到以 X 语言表达的信息 $\hat{x} = g(\hat{y})$，核验信息 $\hat{x}$ 是否和 x 一致。

显然，如果两个翻译模型都很好，x 应该能够被 $\hat{y}$ 重构，并且 $\hat{x}$ 的语义信息和 x 应该能够保持一致。如果 x 和 $\hat{x}$ 的语义不一致，那么两个翻译信道 f 和 g 至少有一个出现了问题。也就是说，经过这种通信游戏，我们可以获得关于两个模型翻译质量的反馈信号，从而改进翻译模型。在这个通信游戏中，我们不需要知道 x 的真实标签。

类似地，当 Alice 想要和 Bob 交流时，可以先以 Y 语言将信息 y 发送到信道，信

道会利用翻译模型 g 将信息转化为 X 语言；Bob 收到信息 $\hat{x} = g(y)$ 并且将其经由另一个信道 f 返回给 Alice；Alice 收到 Y 语言形式的信息 $\hat{y} = g(\hat{x})$，并且和原来的信息 y 进行对比，从而获得反馈信号。

简而言之，如果对偶任务的两个翻译模型都是完美的，原始输入应该能够通过两个模型重建：

$$x = g(f(x))$$

$$y = f(g(y))$$

换句话说，我们可以通过最小化重构误差来训练两个翻译模型：

$$\min_{f,g} \Delta(x, g(f(x))) \tag{4.7}$$

$$\min_{f,g} \Delta(y, f(g(y))) \tag{4.8}$$

我们将这个准则叫作**确定性对偶重构准则**。

在机器翻译中，翻译模型通常会将源语言输入翻译为多个目标语言候选句子，每个句子出现的概率不同。因此，我们没有选择最小化重构误差，而是选择最大化重构概率，这相当于最小化对偶重构的负对数似然值。

$$\min_{f,g} \ell(x; f, g) = \min_{f,g} - \log P(x|f(x); g) \tag{4.9}$$

$$\min_{f,g} \ell(y; f, g) = \min_{f,g} - \log P(y|g(y); f) \tag{4.10}$$

我们将上述规则叫作**概率性对偶重构准则**。

本章以机器翻译为例阐述对偶重构准则。这个准则可以拓展到其他应用，更多的例子见第 5 章和第 6 章。

4.3 对偶半监督学习

本节将在半监督学习的背景下介绍对偶学习 [15]，也就是有标数据（人工翻译的双语数据）和无标数据（源语言和目标语言的单语数据）都会用到。我们将这个算法记作 DualNMT（见算法 2）。

算法 2　　DualNMT 算法

1: **输入**：无标语料 $\mathcal{M}_X$ 和 $\mathcal{M}_Y$，初始原始翻译模型 θ_{XY} 和初始对偶翻译模型 θ_{YX}，语言模型 $P_X()$ 和 $P_Y()$，超参数 α，束搜索尺寸 K，学习率 $\gamma_{1,t}, \gamma_{2,t}$

2: 设置 $t = 0$

3: **repeat**

4: 　　$t = t + 1$

5: 　　从 $\mathcal{M}_X$ 和 $\mathcal{M}_Y$ 分别采样出句子 s_X 和 s_Y

6: 　　设置 $s = s_X$ 　　　　　　　　　　　　　　　　$\triangleright$ 从语言 X 开始一轮游戏

7: 　　使用模型 θ_{XY} 对 s 进行束搜索产生 K 个中间翻译 $s_{\mathrm{mid},1}, \cdots, s_{\mathrm{mid},K}$

8: 　　**for** $k = 1, \cdots, K$ **do**

9: 　　　　采用语言模型，对第 k 个采样的句子计算奖励：$r_{1,k} = P_Y(s_{\mathrm{mid},k})$

10: 　　　　对第 k 个采样的句子计算重构奖励：

$$r_{2,k} = \log P(s|s_{\mathrm{mid},k}; \boldsymbol{\theta}_{YX})$$

11: 　　　　第 k 个句子的总奖励 $r_k = \alpha r_{1,k} + (1-\alpha) r_{2,k}$

12: 　　**end for**

13: 　　计算模型 θ_{XY} 的随机梯度如下：

$$\nabla_{\boldsymbol{\theta}_{XY}} \hat{E}[r] = \frac{1}{K} \sum_{k=1}^{K} [r_k \nabla_{\boldsymbol{\theta}_{XY}} \log P(s_{\mathrm{mid},k}|s; \boldsymbol{\theta}_{XY})]$$

14: 　　计算模型 θ_{YX} 的随机梯度如下：

$$\nabla_{\boldsymbol{\theta}_{YX}} \hat{E}[r] = \frac{1}{K} \sum_{k=1}^{K} [(1-\alpha) \nabla_{\boldsymbol{\theta}_{YX}} \log P(s|s_{\mathrm{mid},k}; \boldsymbol{\theta}_{YX})]$$

15: 　　更新模型：

$$\boldsymbol{\theta}_{XY} \leftarrow \boldsymbol{\theta}_{XY} + \gamma_{1,t} \nabla_{\boldsymbol{\theta}_{XY}} \hat{E}[r], \boldsymbol{\theta}_{YX} \leftarrow \boldsymbol{\theta}_{YX} + \gamma_{2,t} \nabla_{\boldsymbol{\theta}_{YX}} \hat{E}[r]$$

16: 　　设置 $s = s_Y$ 　　　　　　　　　　　　　　　　$\triangleright$ 从语言 Y 开始一轮游戏

17: 　　对称地，运行算法的第 6 到第 15 行

18: **until** 收敛

　　将 X 语言和 Y 语言的无标语料库记作 $\mathcal{M}_X$ 和 $\mathcal{M}_Y$。这两个语料库的数据不要求是对应的，甚至两个语料库的主题也可以毫无关联。假设我们有两个（弱）翻译模型能够实现从 X 语言到 Y 语言和 Y 语言到 X 语言之间的翻译。我们的目标是利用无标数据而不是有标数据来改进两个模型的翻译质量。DualNMT 的基本思想是利用两个翻译任务之间的对偶性最大化对偶重构的似然估计。如 4.2 节所述，给定任意一个无标数据，DualNMT 首先利用前向翻译模型和反向翻译模型得到输入句子的重构版本。通过评估这个两跳翻译结果，DualNMT 可以了解两个翻译模型的质量，从而对其进行相应的改进。

　　在 DualNMT 中，假定事先给定两个训练好的语言模型 $P_X()$ 和 $P_Y()$。语言模型 [25,35] 接收部分或整个句子作为输入并输出一个实数值，代表该输入和自然语言的契合度。训练语言模型只依赖无标数据。例如，可以使用 $\mathcal{M}_X$ 和 $\mathcal{M}_Y$ 来训练 $P_X()$ 和 $P_Y()$。

　　$\boldsymbol{\theta}_{XY}$ 和 $\boldsymbol{\theta}_{YX}$ 是两个翻译模型的参数。当游戏从 $s \in \mathcal{M}_X$ 开始时，将 s_{mid} 记作中间输出。根据这个中间结果，我们可以获得一个实时的反馈信号 $r_1 = P_Y(s_{\mathrm{mid}})$，用来度量它和 Y 语言的契合度。同时，我们也可以计算根据 s_{mid} 重构出 s 的概率，并以此作为重构反馈信号。数学上，该重构反馈信号可以定义为 $r_2 = \log P(s|s_{\mathrm{mid}}; \boldsymbol{\theta}_{YX})$。

　　DualNMT 采用线性模型结合语言模型反馈信号和重构反馈信号，作为最终的反馈信号：$r = \alpha r_1 + (1 - \alpha)r_2$，其中 α 是超参。这个反馈信号可以被视作关于 s、s_{mid}、$\boldsymbol{\theta}_{XY}$ 和 $\boldsymbol{\theta}_{YX}$ 的函数。DualNMT 通过**策略梯度**方法（一个经典的强化学习算法 [37]）优化两个翻译模型的参数。

　　DualNMT 根据翻译模型 $P(.|s; \boldsymbol{\theta}_{XY})$ 采样出 s_{mid}，之后计算期望反馈信号 $E(r)$ 对参数 $\boldsymbol{\theta}_{XY}$ 和 $\boldsymbol{\theta}_{YX}$ 的梯度。根据梯度策略相关的定理 [37]，很容易验证

$$\nabla_{\boldsymbol{\theta}_{YX}} E(r) = E[(1 - \alpha)\nabla_{\boldsymbol{\theta}_{YX}} \log P(s|s_{\mathrm{mid}}; \boldsymbol{\theta}_{YX})] \tag{4.11}$$

$$\nabla_{\boldsymbol{\theta}_{XY}} E(r) = E[r\nabla_{\boldsymbol{\theta}_{XY}} \log P(s_{\mathrm{mid}}|s; \boldsymbol{\theta}_{XY})] \tag{4.12}$$

其中期望是根据 s_{mid} 的分布得到的。

　　根据公式 (4.11) 和公式 (4.12)，我们可以采用合适的方式估计期望的梯度。考虑到随机采样会引入较大的方差甚至会导致不合理的中间翻译结果 [29-30,36]，文献 [15] 采用束搜索 [36]（beam search）来获取有意义的中间结果进行梯度计算。具体来说，我们可以选择束搜索中 K 个概率最大的句子作为中间翻译结果，并且利用它们的均值进行

梯度估计。如果通信游戏从 $s \in M_Y$ 开始，梯度也可以用类似的方式计算。

该游戏可以进行多轮。在每轮游戏中，我们从 M_X 采样一个句子，从 M_Y 采样另一个句子。两个模型分别根据使用这两个句子开始的游戏进行更新。DualNMT 的细节见算法 2。考虑到 DualNMT 需要模型参数 θ_{XY} 和 θ_{YX} 作为输入，而它们是在有标数据上训练得到的⊖，因此 DualNMT 是半监督学习算法。

正如文献 [15] 指出，对偶重构的思想不局限于两个任务。该思想的核心在于构造闭环，使我们可以通过原始输入和重构输出的误差来计算反馈信号。因此，如果有两个以上的关联任务可以形成一个闭环，就可以运用同样的思路，利用未标记的数据改进每个任务的模型。例如，给定英文输入 x，我们可以先将它翻译为中文 y，再将 y 翻译为法文 z，最后将 z 翻译回英文 x'。x 和 x' 之间的重构误差是三个翻译模型的有效训练信号，我们可以应用策略梯度根据信号更新三个模型。这个被泛化的对偶学习叫作**闭环学习** [15]。

零样本对偶机器翻译

上述 DualNMT 算法需要一部分有标数据来获得两个具备翻译功能的初始翻译模型。文献 [32] 研究了机器翻译的零样本对偶学习，即不利用目标任务的任何有标数据。也就是说，文献 [32] 考虑的是无监督学习，其算法基于多语言 NMT 架构。

文献 [32] 的算法适用于三种及三种以上语言，为了简单起见，我们以三种语言为例介绍该算法。假设 X、Y 和 Z 代表三种语言。X-Z 语言之间存在有标数据，Y-Z 之间也存在有标数据，而目标任务 X-Y 之间没有有标数据。另外，假设：（1）X 语言和 Y 语言都有足够的无标数据 M_X 和 M_Y；（2）X-Z 和 Y-Z 之间有足够的双语数据 B_{XZ} 和 B_{YZ}。

在开始进行零样本对偶学习之前，我们需要在有标数据 B_{XZ} 和 B_{YZ} 上预训练多语言翻译模型，它的参数记为 θ。尽管这个模型没有在 X-Y 的双语数据对上训练过，它仍然能够实现该语言对的翻译功能，也就是从 X 到 Y 的翻译或从 Y 到 X 的翻译，尽管翻译质量不尽如人意。这种方法使用多语言翻译模型启动对偶学习过程，而 DualNMT 则使用在少量数据对上训练的弱翻译模型。此外，我们需要在无标数据 M_X 和 M_Y 上训练两个语言模型 $P_X()$ 和 $P_Y()$。

⊖　文献 [15] 使用了 100 多万的有标数据进行初始模型训练。

和文献 [15] 类似，文献 [32] 利用类似于 REINFORCE 的算法进行零样本对偶学习：

- 从 $\mathcal{M}_X$ 采样出句子 x，并利用多语言翻译模型将它翻译为 $\hat{y} \sim P_{\boldsymbol{\theta}}(\cdot|x)$。
- 利用语言模型打分：$r_1 = \log P_Y(\hat{y})$。
- 利用重构模型打分：$r_2 = \log P_{\boldsymbol{\theta}}(x|\hat{y})$。
- 计算 $\hat{y}$ 的总体打分：$R = \alpha r_1 + (1 - \alpha) r_2$，其中 α 是超参数。
- 以 R 作为最终反馈信号，用 REINFORCE 算法更新参数 $\boldsymbol{\theta}$。

这个更新过程也可以从 $\mathcal{M}_Y$ 中的句子开始。整个训练将在 X 语言句子和 Y 语言句子之间迭代，直到满足某个终止条件。

4.4   对偶无监督学习

如前所述，DualNMT 需要利用有标数据来预训练两个翻译模型，从而获得较好的初始值。虽然收集较通用语言的语言对的双语数据并不难，但收集稀有语言对的难度不容忽视。世界上一共有 7000 多种语言$^{\ominus}$，而其中大多数是稀有的。在没有任何双语数据的情况下实现机器翻译是非常重要的，这样既可以保护那些稀有的语言，也可以促进不同语言的人们的交流。人们提出了多种用于无监督神经机器翻译的方法，其中结构对偶性发挥了重要作用。我们将介绍两个具有代表性的研究，见文献 [2] 和 [20]。本节先介绍两项研究的基本思想，再介绍涉及的系统架构和训练算法。

4.4.1   基本思想

虽然文献 [2] 和 [20] 的系统架构和训练算法不同，但是它们的核心思想是相同的。

两者都采用了标准机器翻译采用的编码器–解码器架构。它们都用编码器为两种语言（源语言和目标语言）建立一个共同的隐空间。我们用 θ_{en}^A 和 θ_{de}^A 分别代表 A 语言的编码器和解码器，用 θ_{en}^B 和 θ_{de}^B 代表 B 语言的编码器和解码器。编码器和解码器利用去噪自编码和对偶重构准则在无标数据上进行训练。

去噪自编码可以被看作去噪重构：一个句子应该能够在加上噪声后经由该语言的编码器和解码器重构出来。数学上，我们最小化去噪重构误差

$$\ell_{\mathrm{dae}}(\theta_{\mathrm{en}}^l, \theta_{\mathrm{de}}^l) = \frac{1}{|\mathcal{M}_l|} \sum_{x \in \mathcal{M}_l} \Delta(x, \theta_{\mathrm{de}}^l(\theta_{\mathrm{en}}^l(c(x))))$$

$\ominus$ https://www.ethnologue.com/guides/how-many-languages。

或最小化去噪重构的负对数似然函数：

$$\ell_{\mathrm{dae}}(\theta_{\mathrm{en}}^l, \theta_{\mathrm{de}}^l) = -\frac{1}{|\mathcal{M}_l|} \sum_{x \in \mathcal{M}_l} \log P(x | \theta_{\mathrm{de}}^l(\theta_{\mathrm{en}}^l(c(x))))$$

其中 $l \in \{A, B\}$，代表源语言、目标语言；$\mathcal{M}_l$ 代表语言 l 的无标语料库；$c(x)$ 代表 x 的加噪声版本；$\theta_{\mathrm{de}}^l(\theta_{\mathrm{en}}^l(c(x)))$ 代表从 $c(x)$ 出发重构的句子。考虑到标准自编码只会学习到逐词复制这个操作，这里没有采用标准的自编码器。

对偶重构的目标是根据中间的有噪声的翻译结果重构出原始输入[⊖]。数学上，我们最小化对偶重构误差：

$$\ell_{\mathrm{dual}}(\theta_{\mathrm{en}}^l, \theta_{\mathrm{de}}^l) = \frac{1}{|\mathcal{M}_A|} \sum_{x \in \mathcal{M}_A} \Delta(x, \theta_{\mathrm{de}}^A(\theta_{\mathrm{en}}^B(c(\hat{y})))) + $$
$$\frac{1}{|\mathcal{M}_B|} \sum_{x \in \mathcal{M}_B} \Delta(x, \theta_{\mathrm{de}}^B(\theta_{\mathrm{en}}^A(c(\hat{y}))))$$

或最小化去噪重构的负对数似然函数：

$$\ell_{\mathrm{dual}}(\theta_{\mathrm{en}}^l, \theta_{\mathrm{de}}^l) = -\frac{1}{|\mathcal{M}_A|} \sum_{x \in \mathcal{M}_A} \log P(x | \theta_{\mathrm{de}}^A(\theta_{\mathrm{en}}^B(c(\hat{y})))) - $$
$$\frac{1}{|\mathcal{M}_B|} \sum_{x \in \mathcal{M}_B} \log P(x | \theta_{\mathrm{de}}^B(\theta_{\mathrm{en}}^A(c(\hat{y}))))$$

其中 $\hat{y} = \theta_{\mathrm{de}}^B(\theta_{\mathrm{en}}^A(x))$ 是 x 从 A 语言到 B 语言的翻译，$\hat{y} = \theta_{\mathrm{de}}^A(\theta_{\mathrm{en}}^B(x))$ 是 x 从 B 语言到 A 语言的翻译，$\theta_{\mathrm{de}}^{l'}(\theta_{\mathrm{en}}^l(c(\hat{y})))$ 代表从加了噪声的中间翻译还原为原本翻译的重构结果。

在接下来的两节，我们将关注无监督神经机器翻译 [2,20]。同样的准则也被应用到了基于词组的无监督翻译 [21]。

4.4.2　系统架构和训练算法

如图 4.2 所示，Artetxe 等人 [2] 用同一个编码器编码源语言和目标语言，但是解码时采用不同的解码器，即 $\theta_{\mathrm{en}}^A = \theta_{\mathrm{en}}^B$，$\theta_{\mathrm{de}}^A \neq \theta_{\mathrm{de}}^B$。尽管编码器一样，但是两种语言的输入词表不一样。

相比之下，Lample 等人 [20] 采用同样的编码器和解码器同时对两种语言进行编码和解码，即 $\theta_{\mathrm{en}}^A = \theta_{\mathrm{en}}^B$ 和 $\theta_{\mathrm{de}}^A = \theta_{\mathrm{de}}^B$。作者用不同的单词嵌入区分两种语言。

⊖ 由于两个翻译模型都不完美，因此我们只能得到带噪声的翻译结果。

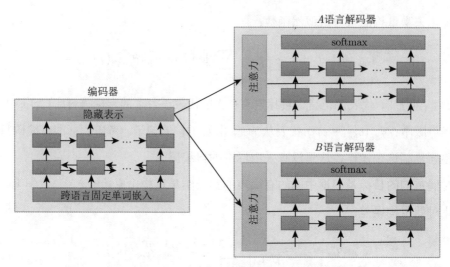

图 4.2 文献 [2] 中的无监督神经机器翻译网络架构

Artetxe 等人 [2] 首先训练编码器端的跨语言的单词嵌入，在无标数据 $\mathcal{M}_A$ 和 $\mathcal{M}_B$ 上利用 skip-gram 模型 [26] 预训练单词嵌入。之后，利用文献 [1] 中提出的方法⊖将两个单独训练的单词嵌入映射到同一空间。之后，修正好的单词嵌入会被固定不再优化。这一点区别于标准 NMT，在 NMT 中单词嵌入被随机初始化并且随模型一起训练。

当获得预训练好的单词嵌入之后，我们将使用一个编码器和两个解码器利用去噪自编码和对偶重构准则联合训练。为了给输入引入噪声，Artetxe 等人随机交换两个相邻的单词，例如，对于长度为 N 的句子，将经过 $N/2$ 次随机交换。经过这种变换，系统将会努力发现句子的内在联系，从而恢复句子的正确顺序。此外，Artetxe 等人认为，通过阻止系统过度依赖输入句子的词序，训练后的系统可以更好地处理不同语言之间的实际词序差异。在训练过程中，去噪自编码和对偶重构的目标在不同的批次（mini-batch）中分别使用。也就是说，一批数据通过去噪自编码训练语言 A，另一批训练语言 B，一批数据通过对偶重构从 A 到 B 再到 A 进行训练，另一批次从 B 到 A 再到 B 进行训练。

Artetxe 等人也说明，如果在半监督学习的背景下使用部分有标数据，他们提出的系统可以被进一步加强（见文献 [2] 中的表 1）。

尽管文献 [20] 提出的系统架构比文献 [2] 中的更简单，但是训练过程稍显复杂。Lample 等人 [20] 从最简单的单词到单词的翻译模型训练，这也可以被看作用无监督的

⊖　具体实现可以参考 https://github.com/artetxem/vecmap。

方式从语料库中学到一个翻译词典 [8]。每次迭代中，通过随机丢弃单词或交换单词获得带有噪声的输入，基于这些输入，通过最小化去噪编码损失函数和对偶重构误差优化编码器和解码器。

　　除了去噪自编码和对偶重构，Lample 等人也引入判别器和对抗损失函数来保证编码器确实将两种语言映射到同一个隐空间。判别器接受编码器输出的隐状态序列作为输入，预测源语言属于哪个语言类别。我们用 $\boldsymbol{\theta}_{\mathrm{D}}$ 表示判别器的参数。判别器的训练目标是最小化预测误差和负对数似然函数：

$$l_D(\boldsymbol{\theta}_{\mathrm{D}}) = -\frac{1}{|\mathcal{M}_A|} \sum_{x \in \mathcal{M}_X} \log P(A|\theta_{\mathrm{en}}^A(x); \boldsymbol{\theta}_{\mathrm{D}}) -$$

$$\frac{1}{|\mathcal{M}_Y|} \sum_{x \in \mathcal{M}_B} \log P(B|\theta_{\mathrm{en}}^B(x); \boldsymbol{\theta}_{\mathrm{D}}),$$

其中 $P(l|\theta_{\mathrm{en}}^l(x); \boldsymbol{\theta}_{\mathrm{D}})$ 表示判别器将输入 x 判定为语言 l 的概率。共享的编码器的训练目标是欺骗判别器，也就是最小化下述对抗损失函数：

$$\ell_{\mathrm{adv}}(\theta_{\mathrm{en}}) = -\frac{1}{|\mathcal{M}_A|} \sum_{x \in \mathcal{M}_A} \log P(B|\theta_{\mathrm{en}}^A(x); \boldsymbol{\theta}_{\mathrm{D}}) -$$

$$\frac{1}{|\mathcal{M}_B|} \sum_{x \in \mathcal{M}_B} \log P(A|\theta_{\mathrm{en}}^B(x); \boldsymbol{\theta}_{\mathrm{D}})$$

在每次迭代中，翻译模型根据如下损失函数更新：

$$\ell(\theta_{\mathrm{en}}^l, \theta_{\mathrm{de}}^l) = \lambda_{\mathrm{dae}} \ell_{\mathrm{dae}}(\theta_{\mathrm{en}}^l, \theta_{\mathrm{de}}^l) +$$

$$\lambda_{\mathrm{dual}} \ell_{\mathrm{dual}}(\theta_{\mathrm{en}}^l, \theta_{\mathrm{de}}^l) +$$

$$\lambda_{\mathrm{adv}} \ell_{\mathrm{adv}}(\theta_{\mathrm{en}}^l)$$

其中 λ_{dae}、λ_{dual} 以及 λ_{adv} 是用来平衡去噪自编码、对偶重构以及对抗损失函数的超参数。判别器通过最小化预测误差优化。图 4.3 展示了系统架构和每一部分的具体损失函数。

　　Lample 等人 [20] 观察到：（1）三部分（去噪自编码、对偶重构和对抗损失函数）都是有帮助的，并且最好的实现方式是使用三种损失函数；（2）在三个损失函数中，对偶重构损失是最关键的，如果去除这部分，BLEU 分数将会下降 20 个点（见文献 [20] 的表 4），因此对偶重构很重要。

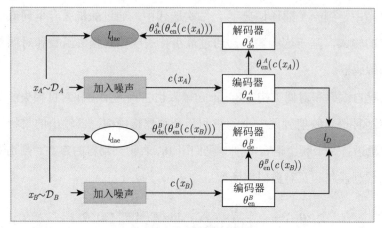

a）去噪自编码及其损失函数

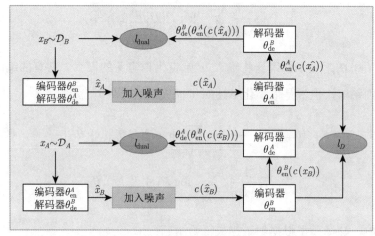

b）对偶重构及损失函数

图 4.3 文献 [20] 中系统架构和训练损失

4.5 多智能体对偶学习

在 4.2 节描述的双智能体跨语言通信游戏/系统中，g 和 f 互为评价模型。g 用来判别 f 产生的 $\hat{y}$ 的翻译质量，并将反馈信号 $\Delta_X(x, g(\hat{y}))$ 返回给 f。反之亦然。反馈信号的质量直接影响原始模型和对偶模型的改进。本章前面介绍的对偶学习仅依赖一个智能体 g 来评价模型 f 的翻译能力。受集成学习[9] 的启发，文献 [39] 引入了多个智能体进一步探索对偶学习的潜能。负责同一方向任务的智能体具备相似程度的功能以及足够的差异性来实现从一个领域到另一个领域的映射，例如 $\mathcal{X} \to \mathcal{Y}$ 或 $\mathcal{Y} \to \mathcal{X}$。不同的智能体可以通过不同的随机种子独立训练 f 模型和 g 模型得到。对于每个 f（或

者 g）的输出，有多个 g（或者 f）提供相应的反馈信号。直观来说，智能体越多，反馈信号越可靠、鲁棒，最终性能也更好，好比多个专家一同投票做决定。这类具有多个智能体的对偶学习被称为**多智能体对偶学习**。本节将介绍它。

4.5.1　模型架构

本小节将介绍多智能体对偶学习架构，下一小节将讨论它在机器翻译中的应用。我们用 $f_i : \mathcal{X} \to \mathcal{Y}, i \in \{0, 1, 2, \cdots, N-1\}$ 表示多个原始模型，用 $g_i : \mathcal{Y} \to \mathcal{X}$，$i = \{0, 1, 2, \cdots, N-1\}$ 表示对偶模型。$\Delta_X(x, x')$ 是从 $\mathcal{X} \times \mathcal{X}$ 空间到 $\mathbb{R}$ 空间的映射，表示 x 和 x' 之间的对偶重构误差。$\Delta_Y(y, y')$ 表示 $\mathcal{Y}$ 空间的 y 和 y' 的对偶重构误差。

标准对偶损失函数 [15] 建立在一个原始模型 f_0 和一个对偶模型上 g_0：

$$\ell_{\text{dual}}(f_0, g_0) = \frac{1}{|\mathcal{M}_X|} \sum_{x \in \mathcal{M}_X} \Delta_X(x, g_0(f_0(x))) + \frac{1}{|\mathcal{M}_Y|} \sum_{y \in \mathcal{M}_Y} \Delta_Y(y, f_0(g_0(y)))$$

其中 $|\mathcal{M}_X|$ 和 $|\mathcal{M}_Y|$ 表示 $\mathcal{M}_X$ 和 $\mathcal{M}_Y$ 中的元素的数目。

在多智能体对偶学习中，将多个原始模型/对偶模型线性组合，得到一个更强的原始/对偶模型：

$$F_\alpha = \sum_{i=0}^{N-1} \alpha_i f_i, \quad \sum_{i=0}^{N-1} \alpha_i = 1 \tag{4.13}$$

$$G_\beta = \sum_{j=0}^{N-1} \beta_j g_j, \quad \sum_{j=0}^{N-1} \beta_j = 1 \tag{4.14}$$

其中 $1 \geqslant \alpha_i \geqslant 0$ 以及 $1 \geqslant \beta_i \geqslant 0$，是各个模型线性组合的权重。

对偶信号建立在 F_α 和 G_β 之上。根据对偶学习的基本架构 [15]，对于任意 $x \in \mathcal{X}$，所有智能体首先协作产生 $\mathcal{Y}$ 空间的结果 $\hat{y} = F_\alpha(x)$，之后反向智能体协作重构出 $\mathcal{X}$ 空间的 $\hat{x} = G_\beta(\hat{y})$。最后，计算对偶重构误差 $\Delta_X(x, \hat{x})$。$\mathcal{Y}$ 空间的 y 和 $\hat{y} = F_\alpha(G_\beta(y))$ 的重构误差也可以用类似的方法计算。多智能体对偶学习最终的损失函数如下：

$$\ell_{\text{dual}}(F_\alpha, G_\beta) = \frac{1}{|\mathcal{M}_X|} \sum_{x \in \mathcal{M}_X} \Delta_X(x, G_\beta(F_\alpha(x))) +$$
$$\frac{1}{|\mathcal{M}_Y|} \sum_{y \in \mathcal{M}_Y} \Delta_Y(y, F_\alpha(G_\beta(y))) \tag{4.15}$$

从理论上来说，N 个原始模型和 N 个对偶模型可以同时利用上述目标函数优化，但这样做会导致巨大的计算开销。文献 [39] 建议使用如下训练过程：

- 根据机器翻译的准则，预训练 f_i 和 g_i。如果有标数据 (x, y) 可获得，可以利用随机梯度下降法最小化 $-\sum_{(x,y)} \log P(y|x; f_i)$[3]；如果不可获得，可以采用无监督学习方法获得初始化神经机器翻译的模型 [1, 20]。

- 固定其中的 $2(N-1)$ 个模型，即 f_i 和 g_i, $i \in \{1, 2, \cdots, N-1\}$，仅训练 f_0 和 g_0 以最小化公式(4.15)中定义的对偶重构误差函数 $\ell()$。也就是说，为了减小训练代价，我们仅训练一个原始模型和一个对偶模型。

为了保证多智能体对偶学习的效果，引入的多个智能体应足够多样化。有很多方式可以获得多样的模型。例如，我们可以采用不同结构的深度神经网络，利用不同的随机种子初始化网络，在预训练阶段使用不同的数据或不同的顺序，或者在预训练阶段使用不同的训练方法，如用有标数据进行有监督训练、用无标数据进行无监督训练以及同时用有标数据和无标数据进行半监督训练。

4.5.2 拓展和比较

本节拓展多智能体对偶学习并将其与相关学习范式进行比较。

公式(4.15)中的训练目标涉及对偶重构。其他相关目标也可以被引入。例如，在机器翻译中，如果可以获得有标数据，我们可以引入最大似然函数指导训练（详见下一节）；在图像到图像翻译中，生成对抗网络的损失函数也可以被引入，以保证生成的图像属于正确类别。

虽然现在有很多研究利用多个智能体提升模型性能，但它们中没有利用结构对偶性的。我们以原始任务 $\mathcal{X} \to \mathcal{Y}$ 为例，和之前的研究进行对比。

集成学习 [43] 是在测试阶段组合多个模型最直接明了的方式。为了预测 $x \in \mathcal{X}$ 的标签，所有智能体一起投票。x 最后的标签是

$$\arg\min_{y \in \mathcal{Y}} \sum_{i=0}^{N-1} \alpha_i \ell(f_i(x), y)$$

其中 ℓ 是定义在 $\mathcal{Y} \times \mathcal{Y}$ 上的损失函数。α_i 可以固定为 $1/N$，也可以根据智能体的质量自适应设置。集成学习和多智能体对偶学习有如下区别：（1）集成学习在训练阶段多个模型没有交互，而多智能体对偶学习在训练阶段，多个模型有交互；（2）多智能体对偶学习测试阶段只使用一个模型 f_0，比集成学习更加高效；（3）标准集成学习中没有引入结构对偶性。

利用多个教师模型之间的知识蒸馏[16,18]是另一个广泛使用的方案。这个方案包含两步：首先，给定输入 $x \in \mathcal{X}$，所有的教师模型 f_i 产生对应的"软"标签

$$\hat{y} = \arg\min_{y \in \mathcal{Y}} \sum_{i=0}^{N-1} \alpha_i \ell(f_i(x), y)$$

其次，在数据对 $(x, \hat{y})$ 上训练一个学生模型。在知识蒸馏中，每个数据对 $(x, \hat{y})$ 都会被均等地视为有标数据，即忽略了 $\hat{y}$ 的质量，也就是没有考虑数据对是否适合训练下游的学生模型。相比之下，多智能体对偶学习利用结构对偶性构建了反馈环，因此可以评估伪数据对质量。

4.5.3 多智能体对偶机器翻译

本章的重点是机器翻译，因此本节讨论多智能体对偶学习在机器翻译中的应用。

我们把 f_0 和 g_0 的参数分别记作 $\boldsymbol{\theta}_0^f$ 和 $\boldsymbol{\theta}_0^g$。根据公式(4.9)给出的对偶重构准则，Δ_X 和 Δ_Y 会被具体化为两个负对数似然函数：$\forall x \in \mathcal{X}$，

$$\Delta_X(x, G_\beta(F_\alpha(x))) = -\log P(x|F_\alpha(x); G_\beta)$$

$$= -\log \sum_{\hat{y} \in \mathcal{Y}} P(F_\alpha(x) = \hat{y}|x; F_\alpha, G_\beta) P(G_\beta(\hat{y}) = x|x, F_\alpha(x) = \hat{y}; F_\alpha, G_\beta)$$

$$= -\log \sum_{\hat{y} \in \mathcal{Y}} P(F_\alpha(x) = \hat{y}|x; F_\alpha) P(G_\beta(\hat{y}) = x|\hat{y}; G_\beta)$$

$$= -\log \sum_{\hat{y} \in \mathcal{Y}} P(\hat{y}|x; F_\alpha) P(x|\hat{y}; G_\beta)$$

类似地，对于任意 $y \in \mathcal{Y}$，我们有

$$\Delta_Y(y, F_\alpha(G_\beta(y))) = -\log \sum_{\hat{x} \in \mathcal{X}} P(\hat{x}|y; G_\beta) P(y|\hat{x}; F_\alpha)$$

为了简化上述优化过程，我们可以优化 Δ_X 和 Δ_Y 的两个上界：

$$\bar{\Delta}_x(x, G_\beta(F_\alpha(x))) = -\sum_{\hat{y} \in \mathcal{Y}} P(\hat{y}|x; F_\alpha) \log P(x|\hat{y}; G_\beta) \geqslant \Delta_X(x, G_\beta(F_\alpha(x)))$$

$$\bar{\Delta}_y(y, F_\alpha(G_\beta(y))) = -\sum_{\hat{x} \in \mathcal{X}} P(\hat{x}|y; G_\beta) \log P(y|\hat{x}; F_\alpha) \geqslant \Delta_Y(y, F_\alpha(G_\beta(y)))$$

上式中的不等号根据 Jensen 不等式获得。接下来，我们可以最小化

$$\tilde{\ell}_{\text{dual}}(\mathcal{M}_X, \mathcal{M}_Y; F_\alpha, G_\beta) = \frac{1}{|\mathcal{M}_X|} \sum_{x \in \mathcal{M}_X} \bar{\Delta}_x(x, G_\beta(F_\alpha(x))) +$$

$$\frac{1}{|\mathcal{M}_Y|} \sum_{y \in \mathcal{M}_Y} \bar{\Delta}_y(y, F_\alpha(G_\beta(y)))$$

$\bar{\Delta}_x$ 和 $\bar{\Delta}_y$ 的梯度可以按照以下公式计算：

$$\frac{\partial \bar{\Delta}_x}{\partial \boldsymbol{\theta}_0^f} = -\sum_{\hat{y} \in \mathcal{Y}} P(\hat{y}|x; F_\gamma) \frac{\delta(x, \hat{y}; F_\alpha, G_\beta, F_\gamma)}{\partial \boldsymbol{\theta}_0^f}$$

$$\frac{\partial \bar{\Delta}_x}{\partial \boldsymbol{\theta}_0^g} = -\sum_{\hat{y} \in \mathcal{Y}} P(\hat{y}|x; F_\gamma) \frac{\delta(x, \hat{y}; F_\alpha, G_\beta, F_\gamma)}{\partial \boldsymbol{\theta}_0^g}$$

$$\frac{\partial \bar{\Delta}_y}{\partial \boldsymbol{\theta}_0^g} = -\sum_{\hat{x} \in \mathcal{X}} P(\hat{x}|y; G_\gamma) \frac{\delta(y, \hat{x}; G_\beta, F_\alpha, G_\gamma)}{\partial \boldsymbol{\theta}_0^g} \tag{4.16}$$

$$\frac{\partial \bar{\Delta}_y}{\partial \boldsymbol{\theta}_0^f} = -\sum_{\hat{x} \in \mathcal{X}} P(\hat{x}|y; G_\gamma) \frac{\delta(y, \hat{x}; G_\beta, F_\alpha, G_\gamma)}{\partial \boldsymbol{\theta}_0^f}$$

其中

$$\delta(x, \hat{y}; F_\alpha, G_\beta, F_\gamma) = \frac{P(\hat{y}|x; F_\alpha)}{P(\hat{y}|x; F_\gamma)} \log P(x|\hat{y}; G_\beta)$$

$$\delta(y, \hat{x}; G_\beta, F_\alpha, G_\gamma) = \frac{P(\hat{x}|y; G_\beta)}{P(\hat{x}|y; G_\gamma)} \log P(y|\hat{x}; F_\alpha)$$

其中 $\gamma = \left(0, \frac{1}{N-1}, \cdots, \frac{1}{N-1}\right)$，$F_\gamma$ 和 G_γ 是关于所有预训练的模型，但是没有包括等待优化的模型 f_0 和 g_0（参考公式(4.13)和公式(4.14)）。

计算上述四个梯度项（即 $\frac{\partial \bar{\Delta}_x}{\partial \boldsymbol{\theta}_0^f}$，$\frac{\partial \bar{\Delta}_x}{\partial \boldsymbol{\theta}_0^g}$，$\frac{\partial \bar{\Delta}_y}{\partial \boldsymbol{\theta}_0^g}$ 和 $\frac{\partial \bar{\Delta}_y}{\partial \boldsymbol{\theta}_0^f}$）需要在 $\mathcal{X}$ 空间和 $\mathcal{Y}$ 空间求和，而这两个空间都是指数级的。文献 [39] 利用蒙特卡罗方法和重要性采样的方法估计梯度。以 $\frac{\partial \bar{\Delta}_x}{\partial \boldsymbol{\theta}_0^f}$ 的计算为例，先从 $P(\hat{y}|x; F_\gamma)$ 采样出 $\hat{y}$，之后利用 $\frac{\delta(x, \hat{y}; F_\alpha, G_\beta, F_\gamma)}{\partial \boldsymbol{\theta}_0^f}$ 去近似 $\frac{\partial \bar{\Delta}_x}{\partial \boldsymbol{\theta}_0^f}$。

为了节约 GPU 开销，以及避免同时导入多个模型，文献 [39] 选择使用离线采样。初始的 $\hat{x}$ 和 $\hat{y}$ 是由 F_γ 和 G_γ 采样的，并且它们的权重 $P(\hat{x}|y; F_\gamma)$ 和 $P(\hat{y}|x; G_\gamma)$ 也相应被计算。之后，用离线产生的数据训练模型 f_0 和 g_0。这样，我们只需要同时在 GPU 加载两个模型而不是 $2N$ 个。

算法 3 展示了多智能体对偶机器翻译的完整训练过程。如算法（第 6 行）所示，如果能够获得有标数据（记作 $\mathcal{B}$），在多智能体对偶机器翻译中很容易利用有标数据和无标数据。

算法 3   机器翻译的多智能体对偶学习

1: **输入** 无标数据 $\mathcal{M}_X$ 和 $\mathcal{M}_Y$；学习率 η；f_i 和 $g_i, i \in \{0, 1, \cdots, N-1\}$；批大小 K；有标数据 $\mathcal{B}$（如果可获得的话）

2: 定义 $\gamma = \left(0, \dfrac{1}{N-1}, \cdots, \dfrac{1}{N-1}\right)$，$\alpha = \beta = \left(\dfrac{1}{N}, \dfrac{1}{N}, \cdots, \dfrac{1}{N}\right)$

3: **repeat**

4:    随机采样出两批大小为 K 的数据：$B_X \subset \mathcal{M}_X$ $B_Y \subset \mathcal{M}_Y$

5:    根据公式(4.16)和相关技术，计算 $\tilde{\ell}_{\text{dual}}(B_X, B_Y; F_\alpha, G_\beta)$ 对 $\boldsymbol{\theta}_0^f$ 和 $\boldsymbol{\theta}_0^g$ 的梯度，将它们记作 Grad_{f_0} 和 Grad_{g_0}

6:    如果提供了有标数据，采样出大小为 K 的数据 $B_{XY} \subset \mathcal{B}$，计算

$$\text{Grad}_{f_0} \leftarrow \text{Grad}_{f_0} - \frac{1}{K}\nabla_{\boldsymbol{\theta}_0^f} \sum_{(x,y)\in B_{XY}} \log P(y|x; f_0)$$

$$\text{Grad}_{g_0} \leftarrow \text{Grad}_{g_0} - \frac{1}{K}\nabla_{\boldsymbol{\theta}_0^g} \sum_{(x,y)\in B_{XY}} \log P(x|y; g_0)$$

7:    更新模型参数：$\boldsymbol{\theta}_0^f \leftarrow \boldsymbol{\theta}_0^f - \eta\,\text{Grad}_{f_0}$，$\boldsymbol{\theta}_0^g \leftarrow \boldsymbol{\theta}_0^g - \eta\,\text{Grad}_{g_0}$

8: **until** 算法收敛

4.6 拓展

除了机器翻译，对偶重构准则也可以应用到其他自然语言处理任务。本节将讨论几个相关任务。

4.6.1 语义解析

语义解析 [41] 是将自然语言解析到计算机容易理解并且能够执行的逻辑语句。基于序列到序列的深度神经网络已经是语义解析的主要方案 [17]。和神经机器翻译类似，由于高额的人工标注代价，语义解析通常没有大量的人工标注数据。特别地，逻辑语句的表示对标注者并不友好。此外，逻辑语句遵循严格的语法结构，标准的序列到序列解码

经常产生不合法或者不完全的逻辑语句。

　　为了解决上述挑战，文献 [5] 提出了基于对偶学习的新方案，其中原始任务是语义解析，将查询语句映射到逻辑语句。对偶任务是基于逻辑语句生成对应的查询语句。如图 4.4 所示，两个任务形成了闭环。经过对偶重构循环，我们可以更高效地利用无标数据（包括无标的查询语句或者已产生的逻辑语句），缓解了数据不足的问题。文献 [5]还提出了合法性奖励来表示产生的逻辑语句是否合理。该奖励的设计需要语义结构相关的领域知识。

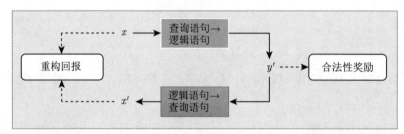

a）查询语句→逻辑语句→查询语句

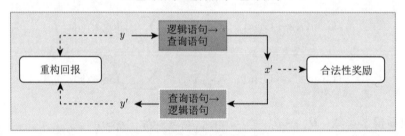

b）逻辑语句→查询语句→逻辑语句

图 4.4　基于对偶学习的语义解析

　　文献 [5] 中的实验表明，在 ATIS 数据集上，对偶学习取得了最佳效果（准确率为89.1%）；在 OVERNIGHT 数据集上，对偶学习也取得了很好的效果。

　　Zhu 等人 [44] 和 Su 等人 [34] 也采用相似的方法理解和生成语义。文献 [6] 通过引入预训练模型，将上述对偶学习算法改进为两阶段的语义解析架构，该预训练模型是一种无监督的释义模型，可将未标记的自然语言表达转换为规范话语。

4.6.2　文本风格迁移

　　文本风格迁移旨在将输入的句子改写为目标风格，但是语义保持不变。文本风格迁移的应用包括情感转换（例如将积极的评价转化为消极的）和正式文本改写（将非正式的文本改为正式文本）。由于有标数据（例如，不同风格但相同语义的段落）很难获得，主流的方法是使用无监督学习。

大多数无监督文本风格迁移的算法可归纳为两步算法：首先，分离输入文本得到语义信息和源风格信息；然后，将语义信息和目标风格融合。语义和风格信息的分离通常很困难，因为在自然语言中，它们通常很微妙地合二为一。文献 [23] 提出了一个端到端的方案，能够直接完成转换而不需要显式分离两种信息。作者将源风格到目标风格的转换视为原始任务，目标风格到源风格的转换视为对偶任务。依据这两个任务，将一个段落/句子从源风格转换为目标风格再转换回源风格，形成一个闭环。作者也采用了两种奖励函数，对偶重构函数用来评价重构误差，风格分类器奖励用来评价生成的文本和目标域的契合度。和文献 [15] 类似，两个模型用强化学习方法进行优化，不依赖有标数据。

自动化评价指标说明，对偶学习的方案效果远超之前最好的方案，在两个数据集上，平均取得了 8 个 BLEU 点以上的提升。人工测评也从风格准确度和语义完整性方面验证了该算法的有效性。代码、相关数据和模型见 https://github.com/luofuli/DualLanST。

对偶重构准则也能够帮助实现细粒度的情感迁移 [22]。

4.6.3　对话

对话系统在很多应用中发挥着重要作用，包括个人助手（亚马逊 Alexa、微软 Cortana 等）、电子商务、技术支持服务和娱乐聊天机器人。对话系统的任务是回复用户的输入/问询。

众所周知，个性化对话模型能提供更好的用户体验。该系统最大的技术挑战是，我们无法为每个个体收集足够多的数据来训练个性化模型。一个直接的解决方案是领域迁移：首先，在公共领域和所有用户的数据上训练一个通用的模型，之后再利用特定用户的数据进行微调。不幸的是，微调过程还是受限于有限的用户数据。文献 [40] 引入了对偶模型，它将回复映射回用户的输入查询，并利用对偶重构准则进行优化。按照这种方式，我们可以利用用户和 AI 系统回复之间的无标数据。

如今的对话智能系统经常产生万能回复，即没有有意义信息的回复。为了激励有更多信息的回复，通常我们会利用外部的知识源。这种方案叫作基于背景知识的对话（Knowledge-Grounded Conversation，KGC）。文献 [24] 研究了知识选择任务（这是 KGC 中的关键任务），目的是针对下一次回复选择有用的知识。作者设计了对偶知识交互学习，它是一种基于对偶重构准则的无监督学习方案，并且支持对训练集之外的外部知识的探索。

情感对话 AI 旨在使开放域对话更具情感表达力和吸引力。文献 [33] 提出了一个名为课程对偶学习（Curiculum Dual Learning，CDL）的框架，该框架引入了情感查询生成的对偶任务，以帮助完成情感反应生成的原始任务。CDL 在对偶学习过程中使用了两种分别关注情感和内容的奖励。

问题回答和问题生成也和对话系统有关。事实上，它们是对话系统中的一个模块：问题回答模块用来回答用户的问题；问题生成模块通过主动提出合适的问题来引发用户的兴趣。文献 [42] 表明，问题回答和问题生成之间的结构对偶性能够缓解半监督问题生成中的语义偏差问题。

参考文献

[1] Artetxe, M., Labaka, G., & Agirre, E. (2017). Learning bilingual word embeddings with (almost) no bilingual data. In *Proceedings of the 55th Annual Meeting of the Association for Computational Linguistics* (pp. 451-462).

[2] Artetxe, M., Labaka, G., Agirre, E., & Cho, K. (2018). Unsupervised neural machine translation. In *6th International Conference on Learning Representations*.

[3] Bahdanau, D., Cho, K., & Bengio, Y. (2015). Neural machine translation by jointly learning to align and translate. In *3rd International Conference on Learning Representations, ICLR 2015*.

[4] Brown, P. F., Cocke, J., Pietra, S. A. D., Pietra, V. J. D., Jelinek, F., Lafferty, J., et al. (1990). A statistical approach to machine translation. *Computational Linguistics, 16*(2), 79-85.

[5] Cao, R., Zhu, S., Liu, C., Li, J., & Yu, K. (2019). Semantic parsing with dual learning. In *Proceedings of the 57th Annual Meeting of the Association for Computational Linguistics* (pp. 51-64).

[6] Cao, R., Zhu, S., Yang, C., Liu, C., Ma, R., Zhao, Y., et al. (2020). Unsupervised dual paraphrasing for two-stage semantic parsing. Preprint. arXiv:2005.13485.

[7] Cho, K., van Merriënboer, B., Gulcehre, C., Bahdanau, D., Bougares, F., Schwenk, H., et al. (2014). Learning phrase representations using RNN encoder-decoder for statistical machine translation. In *Proceedings of the 2014 Conference on EmpiricalMethods in Natural Language Processing (EMNLP)* (pp. 1724-1734).

[8]　Conneau, A., Lample, G., Ranzato, M., Denoyer, L., & Jégou, H. (2017). Word translation without parallel data. Preprint. arXiv:1710.04087.

[9]　Dietterich, T. G. (2002). Ensemble learning. *The Handbook of Brain Theory and Neural Networks, 2* (pp. 110-125). MIT Press.

[10]　Edunov, S., Ott,M., Auli, M., & Grangier, D. (2018). Understanding back-translation at scale. In *Proceedings of the 2018 Conference on Empirical Methods in Natural Language Processing* (pp. 489-500).

[11]　Gehring, J., Auli, M., Grangier, D., Yarats, D., & Dauphin, Y. N. (2017). Convolutional sequence to sequence learning. In *Proceedings of the 34th International Conference on Machine Learning* (Vol. 70, pp. 1243-1252). JMLR. org.

[12]　Gulcehre, C., Firat, O., Xu, K., Cho, K., Barrault, L., Lin, H.-C., et al. (2015). On using monolingual corpora in neural machine translation. Preprint. arXiv:1503.03535.

[13]　Gulcehre, C., Firat, O., Xu, K., Cho, K., & Bengio, Y. (2017). On integrating a language model into neural machine translation. *Computer Speech & Language, 45*, 137-148.

[14]　Hassan Awadalla, H., Aue, A., Chen, C., Chowdhary, V., Clark, J., Federmann, C., et al. (March 2018). Achieving human parity on automatic chinese to English news translation. arXiv:1803.05567.

[15]　He, D., Xia, Y., Qin, T., Wang, L., Yu, N., Liu, T.-Y., et al. (2016). Dual learning for machine translation. In *Advances in Neural Information Processing Systems* (pp. 820-828).

[16]　Hinton, G., Vinyals, O., & Dean, J. (2015). Distilling the knowledge in a neural network. Preprint. arXiv:1503.02531.

[17]　Jia, R., & Liang, P. (2016). Data recombination for neural semantic parsing. In *Proceedings of the 54th Annual Meeting of the Association for Computational Linguistics (Volume 1: Long Papers)* (pp. 12-22).

[18]　Kim, Y., & Rush, A. M. (2016). Sequence-level knowledge distillation. In *Proceedings of the 2016 Conference on Empirical Methods in Natural Language Processing* (pp. 1317-1327).

[19]　Koehn, P. (2009). *Statistical machine translation.* New York: Cambridge University Press.

[20]　Lample, G., Conneau, A., Denoyer, L., & Ranzato, M. (2018). Unsupervised machine translation using monolingual corpora only. In *6th International Conference on Learning Representations, ICLR 2018.*

[21]　Lample, G., Ott, M., Conneau, A., Denoyer, L., & Ranzato, M. (2018). Phrase-based & neural unsupervised machine translation. In *Proceedings of the 2018 Conference on Empirical Methods in Natural Language Processing, Brussels, Belgium, October 31-November 4, 2018* (pp. 5039-5049).

[22] Luo, F., Li, P., Yang, P., Zhou, J., Tan, Y., Chang, B., et al. (2019). Towards fine-grained text sentiment transfer. In *Proceedings of the 57th Annual Meeting of the Association for Computational Linguistics* (pp. 2013–2022).

[23] Luo, F., Li, P., Zhou, J., Yang, P., Chang, B., Sun, X., et al. (2019). A dual reinforcement learning framework for unsupervised text style transfer. In *Proceedings of the 28th International Joint Conference on Artificial Intelligence* (pp. 5116–5122). AAAI Press.

[24] Meng, C., Ren, P., Chen, Z., Sun, W., Ren, Z., Tu, Z., et al. (2020). Dukenet: A dual knowledge interaction network for knowledge-grounded conversation. In *Proceedings of the 43rd International ACM SIGIR Conference on Research and Development in Information Retrieval* (pp. 1151–1160).

[25] Mikolov, T., Karafiát, M., Burget, L., Černocký, J., & Khudanpur, S. (2010). Recurrent neural network based language model. In *Eleventh Annual Conference of the International Speech Communication Association.*

[26] Mikolov, T., Sutskever, I., Chen, K., Corrado, G. S., & Dean, J. (2013). Distributed representations of words and phrases and their compositionality. In *Advances in Neural Information Processing Systems* (pp. 3111–3119).

[27] Nirenburg, S. (1989). Knowledge-based machine translation. *Machine Translation, 4*(1), 5–24.

[28] Nirenburg, S., Carbonell, J., Tomita, M., & Goodman, K. (1994). *Machine translation: A knowledge-based approach.* San Mateo, CA: Morgan Kaufmann Publishers Inc.

[29] Ranzato, M., Chopra, S., Auli, M., & Zaremba, W. (2015) Sequence level training with recurrent neural networks. Preprint. arXiv:1511.06732.

[30] Rush, A.M., Chopra, S., &Weston, J. (2015). A neural attention model for abstractive sentence summarization. In *Proceedings of the 2015 Conference on Empirical Methods in Natural Language Processing* (pp. 379–389).

[31] Sennrich, R., Haddow, B., & Birch, A. (2016). Improving neural machine translation models with monolingual data. In *Proceedings of the 54th Annual Meeting of the Association for Computational Linguistics (Volume 1: Long Papers)* (pp. 86–96).

[32] Sestorain, L., Ciaramita, M., Buck, C., & Hofmann, T. (2018). Zero-shot dual machine translation. Preprint. arXiv:1805.10338.

[33] Shen, L., & Feng, Y. (2020). CDL: Curriculum dual learning for emotion-controllable response generation. Preprint. arXiv:2005.00329.

[34] Su, S.-Y., Huang, C.-W.,& Chen, Y.-N. (2020). Towards unsupervised language understanding and generation by joint dual learning. In *ACL 2020: 58th Annual Meeting of the Association for Computational Linguistics* (pp. 671-680).

[35] Sundermeyer, M., Schlüter, R., & Ney, H. (2012). LSTM neural networks for language modeling. In *Thirteenth Annual Conference of the International Speech Communication Association.*

[36] Sutskever, I., Vinyals, O., & Le, Q. V. (2014). Sequence to sequence learning with neural networks. In *Advances in Neural Information Processing Systems* (pp. 3104-3112).

[37] Sutton, R. S., McAllester, D. A., Singh, S. P., & Mansour, Y. (2000). Policy gradient methods for reinforcement learning with function approximation. In *Advances in Neural Information Processing Systems,* (pp. 1057-1063).

[38] Vaswani, A., Shazeer, N., Parmar, N., Uszkoreit, J., Jones, L., Gomez, A. N., et al. (2017). Attention is all you need. In *Advances in Neural Information Processing Systems* (pp. 5998-6008).

[39] Wang, Y., Xia, Y, He, T., Tian, F., Qin, T., Xiang Zhai, C., et al. (2019). Multi-agent dual learning. In *7th International Conference on Learning Representations, ICLR 2019.*

[40] Yang, M., Zhao, Z., Zhao, W., Chen, X., Zhu, J., Zhou, L., et al. (2017). Personalized response generation via domain adaptation. In *Proceedings of the 40th International ACM SIGIR Conference on Research and Development in Information Retrieval* (pp. 1021-1024).

[41] Zelle, J. M., & Mooney, R. J. (1996). Learning to parse database queries using inductive logic programming. In *Proceedings of the National Conference on Artificial Intelligence* (pp. 1050-1055).

[42] Zhang, S., & Bansal, M. (2019). Addressing semantic drift in question generation for semisupervised question answering. In *Proceedings of the 2019 Conference on Empirical Methods in Natural Language Processing and the 9th International Joint Conference on Natural Language Processing (EMNLP-IJCNLP)* (pp. 2495-2509).

[43] Zhou, Z.-H. (2012). *Ensemble methods: Foundations and algorithms.* New York: CRC Press.

[44] Zhu, S., Cao, R., & Yu, K. (2020). Dual learning for semi-supervised natural language understanding. *IEEE Transactions on Audio, Speech, and Language Processing, 28,* 1936-1947.

第 5 章

对偶学习在图像翻译中的应用及拓展

本章将介绍对偶学习在无监督图像翻译方面的应用，包括几个具有代表性的图像翻译算法：DualGAN、CycleGAN 和 DiscoGAN。

5.1 简介

条件图像生成是图像处理、计算机视觉和图形学中的一个重要问题，随着近些年来深度学习技术的进步，已经取得了很大的进展和巨大的成功。尤其是在生成对抗网络 (GAN) 被提出之后 [5]，人们设计了许多 GAN 的变种，以不同类型的输入（包括类标签、属性、文本和图像）为条件实现图像生成。

图像到图像的翻译（简称图像翻译）旨在将图像"翻译"为相应的输出图像，是一种以图像为条件的图像生成方法，涵盖了超分辨率、纹理合成、图像修复、灰度图像着色、图像风格/域转移等。虽然已经为图像翻译的特定应用设计了许多算法/模型，但目前的趋势是设计通用算法，其可以分为两大类：有监督的图像翻译和无监督的图像翻译。

有监督的图像翻译将成对的图像作为输入来学习翻译模型。一个图像对包含一个输入图像及其对应的输出图像，如图 5.1 所示。有监督算法（例如，条件 GAN [8]）通常在翻译质量方面表现良好，但受限于高标签成本，扩展到更多领域的成本很高。

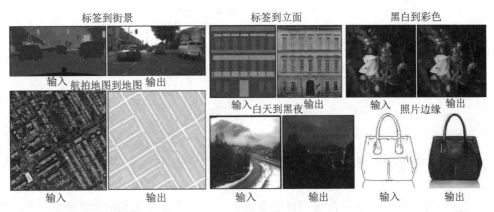

图 5.1　不同图像翻译任务的图像对，图经 Isola 等人 [8] 许可转载

用于图像翻译的无监督算法 [2,9,16,33,39] 吸引了越来越多的研究关注，其中对偶学习起着关键作用。本章集中讨论无监督图像翻译任务中的对偶学习，并介绍无条件图像翻译（5.3 节）和条件图像翻译（5.4 节）中的几种代表性算法。

生成对抗网络

生成对抗网络 (GAN) [5] 是用于生成式模型训练的机器学习框架。GAN 的关键是引入了判别模型，该模型通过对样本的真假进行分类来估计从生成模型生成的样本的质量。

如图 5.2 所示，GAN 有两个主要组成部分：从随机噪声中生成样本的生成器 G，以及区分生成的样本和真实样本的判别器 D。GAN 的训练过程对应于一个两人的 minmax 游戏：判别器 D 的目标是最小化分类误差，而生成器 G 的目标是最大化判别器 D 犯错的概率。如果我们不对生成器和判别器添加任何约束，则游戏存在唯一的解决方案，其中 G 完美捕获训练数据分布，D 总是输出 $1/2$。也就是说，如果我们不考虑训练过程的优化难度，并假设模型的表达能力是无限的，那么生成器 G 最终会恢复训练数据的真实分布，而判别器无法区分生成的样本和真实样本。

GAN 有很多变种 [1,6,8,22,24,30,39]，主要涉及改进 GAN 的训练过程，以应用于解决其他问题。读者可以查看最近的综述论文 [4,29] 以更好地理解。

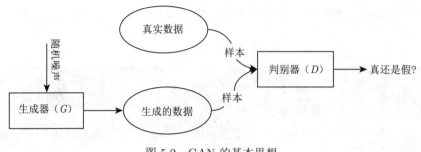

图 5.2 GAN 的基本思想

5.2 无监督图像翻译的基本思想

虽然有许多用于无监督图像翻译的算法 [9,16-17,33,39]，但它们的基本思想一致：结合对偶重构和 GAN。我们首先定义一些符号，然后介绍基本思想。

用 $\mathcal{D}_X$ 表示域 X 的图像集合，$\mathcal{D}_Y$ 表示域 Y 的图像集合。$\mathcal{D}_X$ 和 $\mathcal{D}_Y$ 中的图像没有对应关系。用 $\theta_{XY}()$ 表示将图像从域 X 翻译到域 Y 的前向/原始生成器，用 $\theta_{YX}()$ 表示将图像从域 Y 翻译到域 X 的反向/对偶生成器。当上下文清楚且不存在混淆时，我们还用 θ_{XY} 和 θ_{YX} 表示两个生成器的参数。

由于无监督图像翻译旨在使用来自 $\mathcal{D}_X$ 和 $\mathcal{D}_Y$ 的无标图像学习翻译模型，因此模型训练数据中没有直接反馈信号。因此，几乎所有的无监督图像翻译算法都联合训练原始翻译器和对偶翻译器，并遵循对偶重构准则将重构误差作为反馈信号（参见 4.2 节）。也就是说，训练过程旨在最小化对偶重构误差：

$$\min_{\theta_{XY},\theta_{YX}} \Delta(x,\theta_{YX}(\theta_{XY}(x))), \forall x \in \mathcal{D}_X \tag{5.1}$$

$$\min_{\theta_{XY},\theta_{YX}} \Delta(y,\theta_{XY}(\theta_{YX}(y))), \forall y \in \mathcal{D}_Y \tag{5.2}$$

不幸的是，只靠对偶重构准则不足以保证学习到的翻译模型是有意义的。例如，上述最小化问题的一个简单解决方案是复制算子：$\theta_{XY}(x) = x$ 和 $\theta_{YX}(y) = y$，这也会导致出现零对偶重构误差。但是，这两种复制模型并没有达到将图像从源域翻译到目标域的目的，模型的输出仍然在源域中。

为了避免这种简单的解决方案，并确保两个翻译模型真正将图像从一个域翻译到另一个域，受 GAN 中的对抗训练思想 [5] 的启发，在图像翻译系统中引入两个判别器。令 θ_X 表示域 X 的判别器，它以图像作为输入并输出图像来自域 X 的概率，令 θ_Y 表示域 Y 的判别器。同样，我们还用 θ_X 和 θ_Y 来表示两个判别器的参数。

训练 θ_X 以最大化来自域 X 的自然图像 x 的概率 $\theta_X(x)$ 并最小化由对偶翻译模型 θ_{YX} 从图像 y 生成的图像 $\theta_{YX}(y)$ 的概率 $\theta_X(\theta_{YX}(y))$。类似地，训练 θ_Y 以最大化来自域 Y 的自然图像 y 的概率 $\theta_Y(y)$ 并最小化原始翻译模型 θ_{XY} 从图像 x 生成的图像 $\theta_{XY}(x)$ 的概率 $\theta_Y(\theta_{XY}(x))$。

相比之下，两个翻译模型的训练需要欺骗两个判别器：

$$\max_{\theta_{XY},\theta_{YX}} \theta_X(\theta_{YX}(y)), \forall y \in \mathcal{D}_Y \tag{5.3}$$

$$\max_{\theta_{XY},\theta_{YX}} \theta_Y(\theta_{XY}(x)), \forall x \in \mathcal{D}_X \tag{5.4}$$

在引入对抗训练（或 GAN）帮助对偶重构避免简单的解决方案的同时，对偶重构也在一定程度上帮助 GAN 解决了模式崩塌问题[21]。模式崩塌是 GAN 训练中的一种失败现象，即学到的生成器在不同的输入下生成单一图像或一小群非常相似的图像。由于对偶重构旨在最小化重构误差，因此不鼓励生成模式崩塌的生成器：如果原始生成器崩塌，只生成单一图像，则其对偶生成器无法重构原始生成器的不同输入，因此这对生成器的对偶重构误差会很大。

5.3　图像翻译

本节重点介绍两个领域的图像翻译问题，并介绍三个代表性研究：DualGAN[33]、CycleGAN[39] 和 DiscoGAN[9]。

5.3.1　DualGAN

本小节将介绍 DualGAN 模型，包括其损失函数、网络架构和训练过程。

图 5.3 展示了 DualGAN 的数据流。可以看出，DualGAN 完全遵循对偶重构准则和 GAN 的原则。

训练两个翻译模型以最小化自然图像 x 或 y 与其重构副本 $\theta_{YX}(\theta_{XY}(x,z),z')$ 或 $\theta_{XY}(\theta_{YX}(y,z'),z)$ 之间的重构误差，并最大化判别器的错误概率⊖。特别是，考虑 L_2 距离经常导致模糊[10]，DualGAN 采用 L_1 距离代替 L_2 距离来衡量对偶重构误差。那么两个翻译模型的训练损失为：

$$\ell(x,y;\theta_{YX},\theta_{XY}) \quad = \lambda_X \|x - \theta_{YX}(\theta_{XY}(x,z),z')\| +$$

⊖　请注意，z 和 z' 是翻译过程中引入的随机噪声。

$$\lambda_Y \|y - \theta_{XY}(\theta_{YX}(y, z'), z)\| - \tag{5.5}$$

$$\theta_Y(\theta_{XY}(x, z)) - \theta_X(\theta_{YX}(y, z'))$$

这里 x 和 y 分别是来自域 X 和 Y 的两个未配对图像，λ_X 和 λ_Y 是两个超参数。文献 [33] 建议将 λ_X 和 λ_Y 设置为 $[100.0, 1000.0]$ 内的值，如果 $\mathcal{X}$ 包含自然图像而 $\mathcal{Y}$ 不包含（例如，航拍地图），则应该使用比 λ_Y 小的 λ_X。

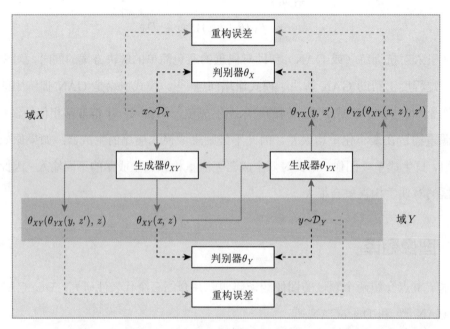

图 5.3　用于图像翻译的 DualGAN。橙色实心箭头表示从域 X 开始的对偶重构循环，蓝色实心箭头表示从域 Y 开始的对偶重构循环，橙色和蓝色虚线箭头表示对偶重构误差，黑色虚线箭头表示判别误差（见彩插）

判别器 θ_X 使用 $\theta_{YX}(y, z'), \forall y \in \mathcal{Y}$ 作为负样本，$x \in \mathcal{X}$ 作为正样本进行训练，反之，判别器 θ_Y 使用 $y \in \mathcal{Y}$ 作为正样本，$\theta_{XY}(x, z), \forall x \in \mathcal{X}$ 作为负样本进行训练。DualGAN 采用 Wasserstein GAN [1] 中的损失函数训练判别器：

$$\ell(x, y; \theta_X) = \theta_X(\theta_{YX}(y, z')) - \theta_X(x) \tag{5.6}$$

$$\ell(x, y; \theta_Y) = \theta_Y(\theta_{XY}(x, z)) - \theta_Y(y) \tag{5.7}$$

其中 $x \in \mathcal{X}$，$y \in \mathcal{Y}$。

　　DualGAN 中的两个生成器共享相同的网络架构。每个生成器都由相同数量的下采样（池化）和上采样层以及镜像下采样和上采样层之间的跳跃连接组成 [8,23]，使其成为一个 U 形网络。

与文献 [8] 类似，DualGAN 不显式地将噪声向量 z 和 z' 作为输入。相反，它们是通过在训练和测试阶段应用于生成器的多个层的 dropout 隐式实现的。

对于判别器，DualGAN 采用文献 [11] 的 Markovian PatchGAN 架构，它假设超过特定补丁大小的像素是独立的，并且仅在补丁区而不是整个图像对图像进行建模。

DualGAN 遵循 Wasserstein GAN [1] 的训练过程。它使用 RMSProp 优化器和小批量随机梯度下降算法，每 d 步更新一次判别器，每一步更新一次生成器。在文献 [33] 中，d 设置为 $2 \sim 4$，批大小 m 设置为 $1 \sim 4$。裁剪参数 c 设置在 $[0.01, 0.1]$ 中，具体取决于任务。训练过程的详细信息见算法 4。

算法 4　DualGAN 训练过程

要求: 两个图像集 $\mathcal{D}_X$ 和 $\mathcal{D}_Y$、裁剪参数 c、批大小 m 和 d

1: 随机初始化 θ_{YX}、θ_{XY}、θ_X 和 θ_Y

2: **repeat**

3: 　　**for** $t = 1, \cdots, d$ **do**

4: 　　　　采样图像 $\{x^{(k)}\}_{k=1}^m \subseteq \mathcal{D}_X$, $\{y^{(k)}\}_{k=1}^m \subseteq \mathcal{D}_Y$

5: 　　　　更新 θ_X 以最小化 $\frac{1}{m} \sum_{k=1}^m \ell(x^{(k)}, y^{(k)}; \theta_X)$

6: 　　　　更新 θ_Y 以最小化 $\frac{1}{m} \sum_{k=1}^m \ell(x^{(k)}, y^{(k)}; \theta_Y)$

7: 　　　　$\text{clip}(\theta_X, -c, c)$, $\text{clip}(\theta_Y, -c, c)$

8: 　　**end for**

9: 　　采样图像 $\{x^{(k)}\}_{k=1}^m \subseteq \mathcal{D}_X$, $\{y^{(k)}\}_{k=1}^m \subseteq \mathcal{D}_Y$

10: 　　更新 θ_{YX} 和 θ_{XY} 以最小化 $\frac{1}{m} \sum_{k=1}^m \ell(x^{(k)}, y^{(k)}; \theta_{YX}, \theta_{XY})$

11: **until** 收敛

5.3.2　CycleGAN

CycleGAN [39] 也结合了对偶重构准则和对抗训练原理，是最流行的无标图像翻译算法之一。

与 DualGAN 类似的是，CycleGAN 也将两个生成器 θ_{YX} 和 θ_{XY} 一起训练，利

用两个翻译任务的对偶结构，基于对偶重构准则[⊖]获取模型训练的反馈信号。不同于 DualGAN 中两个生成器以图像和噪声向量作为输入——参见公式 (5.5)，CycleGAN 中的两个生成器 $\theta_{XY}()$ 和 $\theta_{YX}()$ 仅将图像作为输入——参见公式 (5.8)。CycleGAN 使用与 DualGAN 相同的对偶重构损失函数：

$$
\begin{aligned}
\ell_{\text{dual}}(\theta_{XY}, \theta_{YX}) = & E_{x\sim\mathcal{X}}\|x - \theta_{YX}(\theta_{XY}(x))\| + \\
& E_{y\sim\mathcal{Y}}\|y - \theta_{XY}(\theta_{YX}(y))\|
\end{aligned}
\tag{5.8}
$$

其中 $\mathcal{X}$ 和 $\mathcal{Y}$ 表示两个图像域。文献 [39] 也尝试用 x 和 $\theta_{YX}(\theta_{XY}(x))$ 与 y 和 $\theta_{XY}(\theta_{YX}(y))$ 之间的对抗目标函数替换其中的 L1 范数，但没有观察到任何改善。

CycleGAN 也引入了两个判别器 θ_X 和 θ_Y，以确保生成器确实将图像从一个域翻译到另一个域，并且生成的图像与另一个域的真实图像无法区分。一般而言，对抗目标函数定义为：

$$
\begin{aligned}
\ell_{\text{adv}}(\theta_{XY}, \theta_{YX}, \theta_X, \theta_Y) = & E_{x\sim\mathcal{X}}[\log(1 - \theta_Y(\theta_{XY}(x)))] + \\
& E_{y\sim\mathcal{Y}}[\log(1 - \theta_X(\theta_{YX}(y)))] + \\
& E_{y\sim\mathcal{Y}}[\log\theta_Y(y)] + E_{x\sim\mathcal{X}}[\log\theta_X(x)]
\end{aligned}
\tag{5.9}
$$

CycleGAN 将负对数似然函数替换为最小二乘损失函数 [20]，并获得以下目标函数以稳定训练过程。

$$
\begin{aligned}
\ell_{\text{adv}}(\theta_{XY}, \theta_{YX}, \theta_X, \theta_Y) = & E_{x\sim\mathcal{X}}[(1 - \theta_Y(\theta_{XY}(x)))^2] + \\
& E_{y\sim\mathcal{Y}}[(1 - \theta_X(\theta_{YX}(y)))^2] + \\
& E_{y\sim\mathcal{Y}}[\theta_Y(y)^2] + E_{x\sim\mathcal{X}}[\theta_X(x)^2]
\end{aligned}
\tag{5.10}
$$

那么 CycleGAN 的总体目标函数就变成了：

$$
\begin{aligned}
\ell(\theta_{XY}, \theta_{YX}, \theta_X, \theta_Y) = & \ell_{\text{dual}}(\theta_{XY}, \theta_{YX}) + \\
& \lambda\ell_{\text{adv}}(\theta_{XY}, \theta_{YX}, \theta_X, \theta_Y)
\end{aligned}
\tag{5.11}
$$

⊖ 文献 [39] 使用了一个不同的名字，即"循环一致性"，这个名字以前在计算机视觉中使用过 [38]，并且与对偶重构有着完全相同的原理。这就是为什么该方法被称为"CycleGAN"。

其中 $\ell_{\mathrm{dual}}(\theta_{XY},\theta_{YX})$ 是公式(5.8)中定义的对偶重构目标函数，$\ell_{\mathrm{adv}}(\theta_{XY},\theta_{YX},\theta_X,\theta_Y)$ 是公式(5.10)中定义的对抗目标函数，λ 是权衡两个目标函数的超参数。通过求解 min-max 问题得到两个生成器，如下所示：

$$\min_{\theta_{XY},\theta_{YX}} \max_{\theta_X,\theta_Y} \ell(\theta_{XY},\theta_{YX},\theta_X,\theta_Y) \tag{5.12}$$

文献 [39] 中的消融实验表明：

- 这两个目标函数对于翻译和生成高质量图像都至关重要，只使用一个目标函数会导致翻译质量较低。
- 对于对偶重构目标函数，只使用单一方向的重构（例如，只有 $\|x-\theta_{YX}(\theta_{XY}(x))\|$ 或只有 $\|y-\theta_{XY}(\theta_{YX}(y))\|$）不足以正则化训练过程，将会导致翻译质量较低。

CycleGAN 非常受欢迎。感兴趣的读者可以访问 https://github.com/junyanz/CycleGAN，查阅开源代码、预训练模型和不错的结果。图 5.4 展示了 CycleGAN 的结果，包括莫奈画和风景照片的翻译、斑马图和马图的翻译、夏日照片和冬日照片的翻译，以及从自然照片到不同绘画风格的翻译。

图 5.4　几个 CycleGAN 的翻译样例，图经 Zhu 等人 [39] 许可转载

CycleGAN 仅使用一个前向翻译器和一个反向翻译器进行图像翻译。文献 [28] 将多智能体对偶学习架构应用于图像翻译，并引入多个前向和反向翻译器来增强 CycleGAN。同样的想法也可以应用于 DualGAN 和 DiscoGAN。

5.3.3　DiscoGAN

DiscoGAN [9] 旨在发现不同领域之间的关系。它遵循 5.2 节描述的基本思想,并与 DualGAN 有相同的训练目标函数。为避免冗余,本节省略了其技术细节,不过我们将展示 DiscoGAN 中有趣的点。

DualGAN 和 CycleGAN 专注于两个视觉相似的图像域之间的翻译。例如,Dual-GAN 进行了白天和黑夜图像、标签和立面图像、照片和草图、国画和油画等之间的翻译实验。CycleGAN 进行了照片和绘画、夏日和冬日图像、斑马图和马图等之间的翻译实验。源域和目标域包含视觉上相似或相关的对象,主要变化发生在颜色、纹理、样式等方面。与 DualGAN 和 CycleGAN 不同,DiscoGAN 可以将图像从一个域翻译到另一个在视觉上可能非常不同的域。如图 5.5 所示,DiscoGAN 可以在椅子和汽车之间、汽车和人脸之间进行翻译,发现视觉上非常不同的对象的图像关系,并成功地将具有相似方向的图像配对。

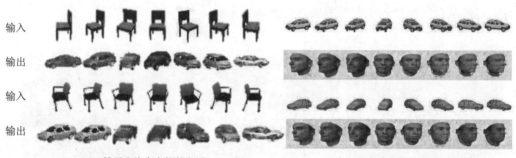

<table>
<tr><td>输入</td><td></td><td></td></tr>
<tr><td>输出</td><td></td><td></td></tr>
<tr><td>输入</td><td></td><td></td></tr>
<tr><td>输出</td><td></td><td></td></tr>
</table>

a) 椅子和汽车之间的翻译,
该模型在椅子和汽车图像上进行了训练　　b) 汽车和人脸之间的翻译,该模型
在汽车和人脸图像上进行了训练

图 5.5　DiscoGAN 的翻译结果示例,图经 Kim 等人 [9] 许可转载

5.4　细粒度图像翻译

图像翻译的一个隐含假设是图像包含两种特征:在翻译过程中应该保留的**域无关特征**(如将男性照片转换为女性照片时的面部、眼睛、鼻子和嘴巴的边缘)和在翻译过程中得到改变的**域特定特征**(如面部图像翻译时的头发颜色和发型)。图像翻译旨在通过保留域无关特征并替换域特定特征⊖,将图像从源域迁移到目标域。

虽然 5.3 节中介绍的算法可以成功地将图像从源域翻译到目标域,但其局限性在

⊖　请注意,这两种特征是相对的,一个任务中特定于领域的特征可能在另一项任务中是域无关的特征。

于它们无法细粒度地控制或操纵目标域中生成的图像的样式。考虑文献 [9] 中研究的将男人的照片翻译成女人的照片，我们可以将希拉里的照片翻译成类似特朗普的发型和头发颜色的男性照片吗？DiscoGAN [9] 确实可以以男性照片为输入生成女性照片，但无法控制生成图像的发型或头发颜色，无论是 DualGAN 还是 CycleGAN 也都不行。

为了实现这种细粒度控制，文献 [16] 定义并研究了条件图像翻译任务，它可以控制目标域中的由另一个图像指定的域特定特征。图 5.6 给出了条件图像翻译的示例，其中要将希拉里的照片转换为男人的照片。如图所示，输入另一个男人的照片，我们可以控制翻译后的图像特征（例如，头发颜色和发型）。

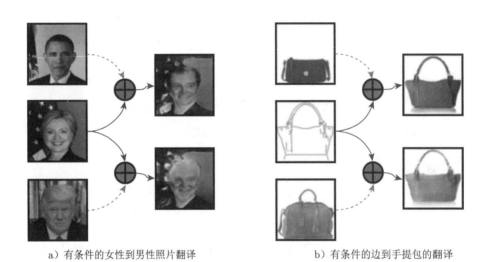

　　　a）有条件的女性到男性照片翻译　　　　　　　b）有条件的边到手提包的翻译

图 5.6　有条件图像翻译，实线箭头代表翻译流，虚线箭头代表条件信息流，图经 Lin 等人 [16] 许可转载

5.4.1　细粒度图像翻译中的问题

遵循之前的隐含假设，图像 $x_A \in \mathcal{D}_A$ 可以分解为两种特征：$x_A = x_A^{\mathrm{i}} \oplus x_A^{\mathrm{s}}$，其中 x_A^{i} 是域无关特征，x_A^{s} 是域特定特征，$\oplus$ 是可以将两种特征合并成完整图像的算子$^{\ominus}$。类似地，对于图像 $x_B \in \mathcal{D}_B$，有 $x_B = x_B^{\mathrm{i}} \oplus x_B^{\mathrm{s}}$。以图 5.6 中的图像为例：a）如果两个域分别包含男性和女性的照片，域无关特征是眼睛和嘴巴等个体面部器官，域特定特征是胡须和发型；b）如果两个域分别指真实的包和包的边缘，则域无关特征正是包的边缘，而域特定特征是颜色和纹理。

　　$\ominus$　这里 $\oplus$ 只是为了更好地理解两种特征而定义的虚拟符号。生成器将根据数据进行训练以基于两种特征生成图像。

使用上述符号，文献 [16] 定义了条件图像翻译任务：给定主输入图像 $x_A \in \mathcal{D}_A$ 和条件输入图像 $x_B \in \mathcal{D}_B$，在域 $\mathcal{D}_B$ 中生成保留了 x_A 的域无关特征并结合了 x_B 中携带的域特定特征的图像 x_{AB}。数学上，条件翻译任务可表示为：

$$x_{AB} = G_{A \to B}(x_A, x_B) = x_A^{\mathrm{i}} \oplus x_B^{\mathrm{s}} \tag{5.13}$$

请注意，这里的生成器/翻译器 $G_{A \to B}()$ 将两个图像作为输入，而不是像 5.3 节中介绍的那样将单个图像作为输入。同样，可以将对偶/反向条件翻译任务表示为：

$$x_{BA} = G_{B \to A}(x_B, x_A) = x_B^{\mathrm{i}} \oplus x_A^{\mathrm{s}} \tag{5.14}$$

5.4.2 条件 DualGAN

文献 [16] 设计了一个基于 DualGAN 的条件图像翻译模型，命名为 cd-GAN。图 5.7 给出了提出的模型的整体架构和训练目标函数，其中左侧部分是基于编码器–解码器的图像翻译架构，右侧部分显示了为模型训练引入的附加组件。

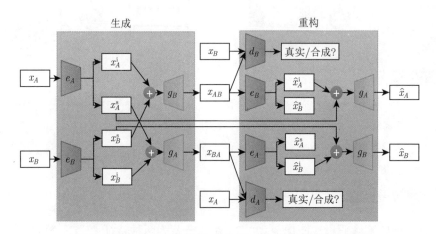

图 5.7　文献 [16] 中条件 DualGAN 的架构和训练目标函数

如图所示，cd-GAN 由两个编码器 e_A 和 e_B 以及两个解码器 g_A 和 g_B 组成，两组编码器和解码器分别用于两个域。编码器用作特征提取器，它将图像作为输入并输出域无关特征和域特定特征。特别地，给定两个图像 x_A 和 x_B，有：

$$(x_A^{\mathrm{i}}, x_A^{\mathrm{s}}) = e_A(x_A), \quad (x_B^{\mathrm{i}}, x_B^{\mathrm{s}}) = e_B(x_B)$$

解码器作为生成器，将源域中图像的域无关特征和目标域中图像的域特定特征作为输入，并在目标域中生成图像：

$$x_{AB} = g_B(x_A^{\mathrm{i}}, x_B^{\mathrm{s}}), \quad x_{BA} = g_A(x_B^{\mathrm{i}}, x_A^{\mathrm{s}})$$

cd-GAN 的训练也是基于对偶重构准则和对抗训练原理。

如图 5.7 所示，为了重构 $\hat{x}_A$ 和 $\hat{x}_B$ 两幅图像，cd-GAN 首先提取生成图像的特征：

$$(\hat{x}_A^{\mathrm{i}}, \hat{x}_B^{\mathrm{s}}) = e_B(x_{AB}), \quad (\hat{x}_B^{\mathrm{i}}, \hat{x}_A^{\mathrm{s}}) = e_A(x_{BA})$$

然后重构图像：

$$\hat{x}_A = g_A(\hat{x}_A^{\mathrm{i}}, x_A^{\mathrm{s}}), \quad \hat{x}_B = g_B(\hat{x}_B^{\mathrm{i}}, x_B^{\mathrm{s}})$$

从三个方面评价对偶重构质量：图像级重构误差 $\ell_{\mathrm{dual}}^{\mathrm{im}}$、域无关特征的重构误差 $\ell_{\mathrm{dual}}^{\mathrm{di}}$ 和域特定特征的重构误差 $\ell_{\mathrm{dual}}^{\mathrm{ds}}$：

$$\ell_{\mathrm{dual}}^{\mathrm{im}}(x_A, x_B) = \|x_A - \hat{x}_A\|^2 + \|x_B - \hat{x}_B\|^2$$

$$\ell_{\mathrm{dual}}^{\mathrm{di}}(x_A, x_B) = \|x_A^{\mathrm{i}} - \hat{x}_A^{\mathrm{i}}\|^2 + \|x_B^{\mathrm{i}} - \hat{x}_B^{\mathrm{i}}\|^2$$

$$\ell_{\mathrm{dual}}^{\mathrm{ds}}(x_A, x_B) = \|x_A^{\mathrm{s}} - \hat{x}_A^{\mathrm{s}}\|^2 + \|x_B^{\mathrm{s}} - \hat{x}_B^{\mathrm{s}}\|^2$$

cd-GAN 不像 DualGAN、CycleGAN 和 DiscoGAN 那样只考虑图像级重构误差，而是考虑了更多方面，因此有望获得更好的精度。另一个微小的区别在于 cd-GAN 中使用的是 L2 范数而不是 L1 范数。

为了确保生成的图像 x_{AB} 和 x_{BA} 在相应的域中看起来比较自然，cd-GAN 引入了两个判别器 d_A 和 d_B 来区分真实图像和合成图像。d_A（或 d_B）将图像作为输入并输出一个概率，该概率指示输入是来自域 $\mathcal{D}_A$（或 $\mathcal{D}_B$）的自然图像的可能性。训练两个判别器以最大化以下目标函数：

$$\ell_{\mathrm{adv}} = \log(d_A(x_A)) + \log(1 - d_A(x_{BA})) +$$

$$\log(d_B(x_B)) + \log(1 - d_B(x_{AB}))$$

同时训练两个翻译器（编码器 e_A 和 e_B 以及解码器 g_A 和 g_B）以同时最小化上述对抗目标函数和三个对偶重构目标函数。

5.4.3　讨论

本小节将对 cd-GAN 进行一些讨论。

首先，我们解释为什么 x_A^{i} 和 x_B^{i} 是域无关的，而 x_A^{s} 和 x_B^{s} 是域特定的。考虑图 5.7 中 $x_A \to e_A \to x_A^{\mathrm{i}} \to g_B \to x_{AB}$ 的路径。假设训练后的两个翻译器都是高质量的，并且生成的图像 x_{AB} 确实与域 B 中的真实图像无法区分。

- 请注意，x_{AB} 是组合 x_A^{i} 和 x_B^{s} 生成的，x_A^{i} 是从域 A 中的图像提取的。也就是说，x_A^{i} 继承自域 A 的图像并保留在域 B 的图像中。因此，它应该是域独立的，否则，x_A^{i} 携带有关域 A 的信息，而 x_{AB} 将看起来像域 A 中的自然图像。
- 由于 x_A^{i} 来自域 A，与域 B 无关，所以 x_B^{s} 必须携带域 B 的信息，否则，x_{AB} 将不会像域 B 中的自然图像。因此，x_B^{s} 是域特定的。
- 类似地，我们可以得到 x_A^{s} 是域特定的，而 x_B^{i} 是域无关的。

其次，5.3 节中介绍的 DualGAN、CycleGAN 和 DiscoGAN 可以视为 cd-GAN 的简化版本，删除了域特定特征那一部分。例如，在 CycleGAN 中，给定 $x_A \in \mathcal{D}_A$，任何 $x_{AB} \in \mathcal{D}_B$ 都是合法的翻译，无论 $x_B \in \mathcal{D}_B$ 是哪一个。cd-GAN 模型要求生成的图像应该匹配来自两个域的输入，这是一个更困难的问题。

最后，cd-GAN 同时适用于对称翻译和非对称翻译。在对称翻译中，两个方向的翻译都需要条件输入（见图 5.6a）。在非对称翻译中，只有一个方向的翻译需要条件图像作为输入（见图 5.6b）。也就是说，从包到边缘的转换不需要另一个边缘图像作为输入，即使提供额外的边缘图像作为条件输入，也无法改变翻译结果。

对于非对称翻译，需要稍微修改 cd-GAN 训练的目标函数。假设 $G_{B \to A}$ 的翻译方向不需要条件输入，那么 cd-GAN 就不需要重构域特定特征 x_A^{s}。因此，域特定特征的重构误差变为

$$\ell_{\mathrm{dual}}^{\mathrm{ds}}(x_A, x_B) = \| x_B^{\mathrm{s}} - \hat{x}_B^{\mathrm{s}} \|^2$$

其他 3 个目标函数不变。

5.5　具有多路径一致性的多域图像翻译

在前两节中，我们介绍了两个领域的图像翻译。文献 [17] 考虑了多域图像翻译。除了对偶重构误差和判别误差之外，他们还引入了一种新的损失函数，即多路径一致性

损失函数，它评估从源域到目标域的直接翻译与从源域到辅助域，然后到目标域的间接翻译之间的差异，以正则化训练。

我们来考虑图 5.8 所示的三域图像翻译问题，其目标是将域中输入图像的头发颜色更改为另一种颜色。理想情况下，从棕发到金发的直接翻译（即一跳翻译）应该与从棕发到黑发再到金发的间接翻译（即两跳翻译）一致。然而，这样一个重要的特性在以前的文献中被忽略了。如图 5.8a，在没有多路径一致性正则化的情况下，通过一跳路径的直接翻译和经过两跳路径的间接翻译在发色方面并不一致。为了让两个生成的图像保持一致，文献 [17] 建议显式地利用多路径一致性来正则模型训练，这要求从源域到目标域的直接翻译与从源域到辅助域再到目标域的间接翻译的差异最小化。例如，在图 5.8 中，应该最小化两个翻译后的金发图像的 L1 范数损失函数。应用此约束后，如图 5.8b 所示，直接翻译和间接翻译非常相似，翻译结果一致。

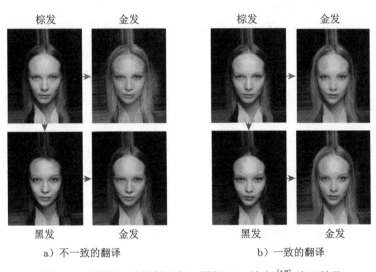

图 5.8　多路径一致性的动机，图经 Lin 等人 [17] 许可转载

多路径一致性正则化可以广泛地应用于图像到图像的翻译任务。对于多域（$\geqslant 3$）翻译，在每次训练迭代中，我们可以随机选择三个域，将多路径一致性损失函数应用于每个翻译任务，最终获得可以生成更好的图像的模型。图 5.9 展示了 3 个域 (i,j,k) 的数据流和训练目标，其中域 j 是辅助域，涉及 6 个翻译器。

请注意，多路径一致性也可以应用于双域图像翻译，不过需要引入第三个辅助域来帮助建立多路径一致性。

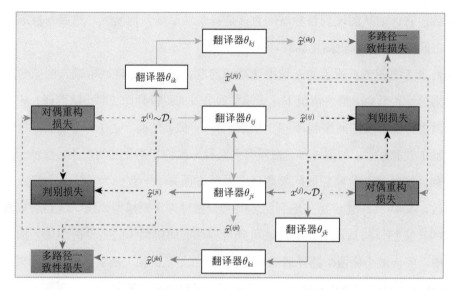

图 5.9　多路径一致性正则化图像到图像翻译的数据流和训练目标函数。黄色实线箭头表示
　　　　从域 i 开始的翻译路径，绿色实线箭头表示从域 j 开始的翻译路径，黑色虚线箭头
　　　　表示判别损失，蓝色虚线箭头表示对偶重构损失，红色虚线箭头表示多路径一致性
　　　　损失（见彩插）

5.6　拓展

除了图像翻译之外，对偶学习还在许多其他图像和视觉相关问题中进行了研究。

5.6.1　人脸相关任务

许多与人脸相关的任务中都利用了对偶重构准则。

人脸补全旨在用语义一致的内容填充人脸图像中缺失或被遮挡的区域。文献 [12,
15] 研究了结构化遮挡下的人脸补全，将人脸补全和损坏视为干净人脸和遮挡的解开
和融合过程。这两个过程被统一到一个对偶学习架构中，结合对抗策略从未标数据中
学习。

面部动作单元（Action Unit，AU）识别需要完全 AU 标注的面部图像。与面部表
情标注相比，AU 标注耗时、昂贵且容易出错。受对偶学习的启发，Wang 和 Feng [25]
提出了一种弱监督的对偶学习机制，从带有表情注释的图像中训练面部动作单元分类
器。人脸图像的动作单元识别被视为原始/主要任务，给定动作单元的人脸合成作为对
偶/辅助任务。对于一幅人脸图像，首先使用原始模型将其转换为动作单元，然后使用

对偶模型根据动作单元合成并重建另一张人脸图像。模型训练使用两种奖励：识别的动作单元与人脸表情标签的一致性和对偶重构损失。通过同时优化对偶任务，它们的内在联系以及关于表情和动作单元的领域知识，被成功用来促进动作单元分类器从带有表情标注的图像中学习。这种弱监督对偶学习机制进一步扩展为具有部分 AU 标注图像的半监督对偶学习。

随着人工智能和机器学习越来越强大，隐私保护成为一个关键问题。由于无处不在的人脸传感器的快速发展，保护人脸照片不被滥用引起了广泛的关注。MeshFace 提供了一种简单而廉价的方式来保护人脸照片。文献 [14] 利用 MeshFace 生成任务和删除任务之间的对偶性，针对这两个任务提出了一个高阶关系保留的 CycleGAN 框架。对偶重构准则能够从无标数据中学习 MeshFace 生成器。

5.6.2　视觉语言任务

视觉语言任务（如视觉问答、图像字幕和视频字幕）在计算机视觉、自然语言理解和机器学习社区中备受关注。对偶学习在这些任务中也得到了研究。

视觉问答（Visual Question Answering，VQA）和视觉问题生成（Visual Question Generation，VQG）是计算机视觉领域的两个热门话题，之前主要是分开研究的。文献 [13] 考虑 VQA 任务和 VQG 任务之间的对偶性，将 VQA 和 VQG 的对偶训练公式化为学习可逆的跨模态融合模型，该模型可以根据其和给定的图像推断问题或答案。请注意，文献中考虑的是有监督问题，并在问题和答案的表征而不是文本序列上添加对偶重构约束。文献 [31] 也研究了 VQA 和 VQG 任务。它们都专注于 VQG 任务，并利用 VQA 通过闭环对偶学习来提升 VQG 的性能。

图像字幕旨在为给定图像自动生成文本描述。获取丰富的图像注释数据比标记图像类别（图像分类）更耗时且成本更高。Zhao 等人 [37] 提出了一种对偶学习机制来解决这个问题，其中原始任务是生成图像文本描述，而对偶任务是根据文本描述生成貌似真实的图像。他们考虑了跨域图像字幕，并且提出的方法可以在半监督和无监督环境下进行训练。文献 [32] 也提出了一个类似的方法。

视频字幕旨在用自然语言自动描述视频，在计算机视觉和自然语言处理社区受到了广泛关注。Wang 等人 [26] 引入句子到视频的任务作为对偶任务来提升视频字幕任务。他们提出了一个具有编码器–解码器–重构器架构的重构网络，以利用前向流和后向流之间的对偶性。在前向流中，编码器将视频编码为语义表示，解码器根据语义表示生成句子描述。在后向流中，重构器根据解码器的隐状态序列重构原始视频的特征序列。除了标准的监督目标函数之外，基于对偶重构准则，通过最小化原始和重构视频特征之间的差异来增强训练。文献 [36] 提出了一种改进的模型，以利用全局和局部结构来进一步改进视频表征的重构。

相册故事讲述与图像和视频字幕相关但又不同，旨在为一组视觉相关或不相关的图像生成文本描述。与文献 [26,36] 类似，可以通过从解码器的隐藏表征重构相册表征，采用对偶学习来提高相册故事讲述的性能 [27]。

在其他视觉语言任务（例如文本图像检索和匹配 [3,18]）中也对对偶学习进行了研究。

5.6.3　其他图像相关任务

Luo 等人 [19] 研究了语义图像分割的对偶学习，旨在为图像中的每个像素分配语义标签，如"狗""花"和"猫"。用于语义图像分割的有标训练数据通常是有限的，因为像素级标签图难以获得且成本高昂。为了减少标记工作，一个自然的解决方案是从互联网上收集与图像级标签相关联的其他图像。与之前将标签图和标签视为独立监督的不同，Luo 等人提出了一种新颖的学习方法，名为对偶图像分割（Dual Image Segmentation，DIS），它基于对偶重构准则解决两个互补的学习问题：一个问题是根据图像预测标签图和标签，另一个是使用预测的标签重构图像。

从心脏磁共振成像（Magnetic Resonance Imaging，MRI）和计算机断层扫描（Computed Tomography，CT）图像预测多类型心脏指数最近备受关注，因为它具有综合功能评估的临床潜力。文献 [34] 引入对偶任务，从多类型心脏指数生成心脏图像，并基于对偶重构准则利用两个任务之间的结构对偶性来增强多类型心脏指数预测任务的预测能力。

对偶学习在零样本和少样本图像分类中也得到了研究 [7,35]，以提高使用少数甚至零标记图像的分类精度。

参考文献

[1] Arjovsky, M., Chintala, S., & Bottou, L. (2017). Wasserstein generative adversarial networks. In *International Conference on Machine Learning* (pp. 214-223).

[2] Choi, Y., Choi, M., Kim, M., Ha, J.-W., Kim, S., & Choo, J. (2018). StarGAN: Unified generative adversarial networks for multi-domain image-to-image translation. In *Proceedings of the IEEE Conference on Computer Vision and Pattern Recognition* (pp. 8789-8797).

[3] Cornia, M., Baraldi, L., Tavakoli, H. R., & Cucchiara, R. (2020). A unified cycle-consistent neural model for text and image retrieval. *Multimedia Tools and Applications*, 1-25.

[4] Goodfellow, I. (2016). Nips 2016 tutorial: Generative adversarial networks. Preprint. arXiv:1701.00160.

[5] Goodfellow, I., Pouget-Abadie, J.,Mirza, M., Xu, B.,Warde-Farley, D., Ozair, S., et al. (2014). Generative adversarial nets. In *Advances in Neural Information Processing Systems* (pp. 2672-2680).

[6] Gulrajani, I., Ahmed, F., Arjovsky, M., Dumoulin, V., & Courville, A. C. (2017). Improved training of Wasserstein GANs. In *Advances in Neural Information Processing Systems* (pp. 5767-5777).

[7] Huang, H.,Wang, C., Yu, P. S., & Wang, C.-D. (2019). Generative dual adversarial network for generalized zero-shot learning. In *Proceedings of the IEEE Conference on Computer Vision and Pattern Recognition* (pp. 801-810).

[8] Isola, P., Zhu, J.-Y., Zhou, T., & Efros, A. A. (2017). Image-to-image translation with conditional adversarial networks. In *Proceedings of the IEEE Conference on Computer Vision and Pattern Recognition* (pp. 1125-1134).

[9] Kim, T., Cha, M., Kim, H., Lee, J. K., & Kim, J. (2017). Learning to discover cross-domain relations with generative adversarial networks. In *Proceedings of the 34th International Conference on Machine Learning* (Vol. 70, pp. 1857-1865). JMLR.org.

[10] Larsen, A. B. L., Sønderby, S. K., Larochelle, H., & Winther, O. (2016). Autoencoding beyond pixels using a learned similarity metric. In *International Conference on Machine Learning* (pp. 1558-1566).

[11] Li, C., & Wand,M. (2016). Precomputed real-time texture synthesis withMarkovian generative adversarial networks. In *European Conference on Computer Vision* (pp. 702-716). New York: Springer.

[12] Li, Z., Hu, Y., & He, R. (2017). Learning disentangling and fusing networks for face completion under structured occlusions. Preprint. arXiv:1712.04646.

[13] Li, Y., Duan, N., Zhou, B., Chu, X., Ouyang, W., Wang, X., et al. (2018). Visual question generation as dual task of visual question answering. In *Proceedings of the IEEE Conference on Computer Vision and Pattern Recognition* (pp. 6116-6124).

[14] Li, Z., Hu, Y., Zhang, M., Xu, M., & He, R. (2018). Protecting your faces: Meshfaces generation and removal via high-order relation-preserving cyclegan. In *2018 International Conference on Biometrics (ICB)* (pp. 61-68). New York: IEEE.

[15] Li, Z., Hu, Y., He, R., & Sun, Z. (2020). Learning disentangling and fusing networks for face completion under structured occlusions. *Pattern Recognition, 99*, 107073.

[16] Lin, J., Xia, Y., Qin, T., Chen, Z., & Liu, T.-Y. (2018). Conditional image-to-image translation. In *Proceedings of the IEEE Conference on Computer Vision and Pattern Recognition* (pp. 5524-5532).

[17] Lin, J., Xia, Y., Wang, Y., Qin, T., & Chen, Z. (2019). Image-to-image translation with multi-path consistency regularization. In *Proceedings of the Twenty-Eighth International Joint Conference on Artificial Intelligence* (pp. 2980-2986).

[18] Liu, Y., Guo, Y., Liu, L., Bakker, E. M., & Lew, M. S. (2019). Cyclematch: A cycle-consistent embedding network for image-text matching. *Pattern Recognition, 93*, 365-379.

[19] Luo, P., Wang, G., Lin, L., & Wang, X. (2017). Deep dual learning for semantic image segmentation. In *Proceedings of the IEEE International Conference on Computer Vision* (pp. 2718-2726).

[20] Mao, X., Li, Q., Xie, H., Lau, R. Y. K., Wang, Z., & Smolley, S. P. (2017). Least squares generative adversarial networks. In *Proceedings of the IEEE International Conference on Computer Vision* (pp. 2794-2802).

[21] Metz, L., Poole, B., Pfau, D., & Sohl-Dickstein, J. (2017). Unrolled generative adversarial networks. In *5th International Conference on Learning Representations*.

[22] Radford, A., Metz, L., & Chintala, S. (2015). Unsupervised representation learning with deep convolutional generative adversarial networks. Preprint. arXiv:1511.06434.

[23] Ronneberger, O., Fischer, P., & Brox, T. (2015). U-net: Convolutional networks for biomedical image segmentation. In *International Conference on Medical Image Computing and Computer-Assisted Intervention* (pp. 234-241). Cham: Springer.

[24] Salimans, T., Goodfellow, I., Zaremba, W., Cheung, V., Radford, A., & Chen, X. (2016). Improved techniques for training GANs. In *Advances in Neural Information Processing Systems* (pp. 2234-2242).

[25] Wang, S., & Peng, G. (2019). Weakly supervised dual learning for facial action unit recognition. *IEEE Transactions on Multimedia, 21*(12), 3218-3230.

[26] Wang, B., Ma, L., Zhang, W., & Liu, W. (2018). Reconstruction network for video captioning. In *Proceedings of the IEEE Conference on Computer Vision and Pattern Recognition* (pp. 7622-7631).

[27]　Wang, B.,Ma, L., Zhang, W., Jiang,W., & Zhang, F. (2019). Hierarchical photo-scene encoder for album storytelling. In *Proceedings of the AAAI Conference on Artificial Intelligence* (Vol. 33, pp. 8909-8916).

[28]　Wang, Y., Xia, Y., He, T., Tian, F., Qin, T., Zhai, C. X., et al. (2019). Multi-agent dual learning. In *7th International Conference on Learning Representations, ICLR 2019*.

[29]　Wang, Z., She, Q., & Ward, T. E. (2019). Generative adversarial networks in computer vision: A survey and taxonomy. Preprint. arXiv:1906.01529.

[30]　Wu, L., Xia, Y., Tian, F., Zhao, L., Qin, T., Lai, J., et al. (2018). Adversarial neural machine translation. In *Asian Conference on Machine Learning* (pp. 534-549).

[31]　Xu, X., Song, J., Lu, H., He, L., Yang, Y., & Shen, F. (2018). Dual learning for visual question generation. *2018 IEEE International Conference on Multimedia and Expo (ICME)* (pp. 1-6).

[32]　Yang, M., Zhao, W., Xu, W., Feng, Y., Zhao, Z., Chen, X., et al. (2018). Multitask learning for cross-domain image captioning. *IEEE Transactions on Multimedia, 21*(4), 1047-1061.

[33]　Yi, Z., Zhang, H., Tan, P., & Gong,M. (2017). Dualgan: Unsupervised dual learning for image to-image translation. In *Proceedings of the IEEE International Conference on Computer Vision* (pp. 2849-2857).

[34]　Yu, C., Gao, Z., Zhang, W., Yang, G., Zhao, S., Zhang, H., et al. (2020). Multitask learning for estimating multitype cardiac indices in MRI and CT based on adversarial reverse mapping. *IEEE Transactions on Neural Networks and Learning Systems, 99*, 1-14.

[35]　Zhang, C., Lyu, X., & Tang, Z. (2019). TGG: Transferable graph generation for zero-shot and few-shot learning. In *Proceedings of the 27th ACM International Conference on Multimedia* (pp. 1641-1649).

[36]　Zhang, W., Wang, B., Ma, L., & Liu, W. (2019). Reconstruct and represent video contents for captioning via reinforcement learning. *IEEE Transactions on Pattern Analysis and Machine Intelligence*.

[37]　Zhao, W., Xu, W., Yang, M., Ye, J., Zhao, Z., Feng, Y., et al. (2017). Dual learning for cross-domain image captioning. In *Proceedings of the 2017 ACM on Conference on Information and Knowledge Management* (pp. 29-38).

[38]　Zhou, T., Krahenbuhl, P., Aubry, M., Huang, Q., & Efros, A. A. (2016). Learning dense correspondence via 3d-guided cycle consistency. In *Proceedings of the IEEE Conference on Computer Vision and Pattern Recognition* (pp. 117-126).

[39] Zhu, J.-Y., Park, T., Isola, P., & Efros, A. A. (2017). Unpaired image-to-image translation using cycle-consistent adversarial networks. In *Proceedings of the IEEE International Conference on Computer Vision* (pp. 2223-2232).

第 6 章

对偶学习在语音处理中的应用及拓展

本章首先介绍对偶学习在语音处理中的语音合成和语音识别任务，着重关注语音合成任务。然后，简要介绍对偶学习在自然语言处理、计算机视觉和语音处理以外的若干其他任务。

6.1 神经语音合成和识别

语音合成（Text To Speech, TTS）和自动语音识别（Automatic Speech Recognition，ASR）是语音处理中的两项重要任务，一直以来都是人工智能领域的研究热点。

语音合成系统经历了多个发展阶段，从早期的共振峰合成法、片段发音合成法、拼接法到统计参数方法，再到现今的基于深度学习的神经网络方法。近年来，基于神经网络的深度学习已成为语音合成和识别的主要方法。

语音合成和自动语音识别是典型的序列到序列学习问题。近年来，深度学习方法的成功将语音合成和自动语音识别推向了端到端学习的范畴，这两个任务都能够在具有注意力机制的编码器–解码器–架构中建模⊖。基于卷积神经网络（CNN）和递归神经网络（RNN）的模型广泛应用于语音合成和自动语音识别 [3,7,19,20,24,30]。

⊖ 尽管之前的一些研究采用了前馈网络 [35,37] 并在自动语音识别方面取得了不错的结果，但编码器–解码器架构在过去几年变得更加流行和成功。

由于深度神经模型都需要大量数据，这给许多缺乏语音–文本标记数据的语言的神经语音合成和识别带来了挑战。因此，最近提出了许多用于低资源与零资源语音合成和识别的方法，包括无监督语音识别 [4,5,17,36]、低资源自动语音识别 [8,9,40] 和只需最少说话者数据的语音合成 [1,6,12,31] 等。

如第 1 章所述，语音合成和语音识别是天然对偶的。显然，这两个任务的结构对偶性能够帮助语音合成和语音识别模型从无标数据（即未配对的语音和文本数据）中学习。我们将介绍关于语音合成和识别的对偶学习的几项研究 [21-22,28-29,34]。

6.2　语音链的对偶学习

"语音链"这一概念被引入来描述语音交流的基本机制，其中语音信息从说话者的大脑传播到听者的大脑。它由语音生成过程（说话者产生语音）和语音感知过程（听者听到并理解说话者所说的内容）组成。在语音交流中，听力不仅对听者很重要，对说话者也很重要。通过听和说，说话者可以监控自己的语音（例如音量、清晰度和整体可理解性），更好地计划接下来要说的内容和说话方式。失去听力的儿童由于无法监控自己的语音通常难以清晰地讲话。

受人类语音链中闭环反馈重要性的启发，文献 [28] 的作者是最早进行语音合成和识别联合训练的学者之一，并利用对偶重构的闭环反馈从未配对数据中学习。他们将提出的系统称为机器语音链，其总体架构如图 6.1 所示。

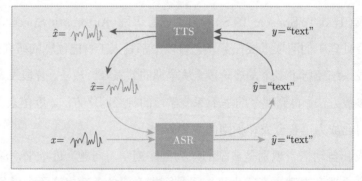

图 6.1　机器语音链的总体架构

如图所示，机器语音链由语音合成模块（将文本序列转换为语音序列）、自动语音识别模块（将语音序列转换为文本序列）和重构循环组成。其核心思想是基于对偶重构准则，利用配对数据和未配对数据联合训练语音合成和自动语音识别模型。

在介绍训练目标函数之前，我们首先给出一些符号的约定。令 $\mathcal{D}$ 表示配对的语音和文本序列集合，$\mathcal{X}$ 表示未配对的语音序列集合，$\mathcal{Y}$ 表示未配对的文本序列集合。令 $\boldsymbol{\theta}$ 表示语音合成模型的参数，$\boldsymbol{\phi}$ 表示自动语音识别模型的参数。

对于配对数据 $\mathcal{D}$，语音合成模型的训练目标是最小化如下的均方误差：

$$l(\boldsymbol{\theta}; \mathcal{D}) = \frac{1}{|\mathcal{D}|} \sum_{(x,y) \in \mathcal{D}} (x - f(y; \boldsymbol{\theta}))^2 \tag{6.1}$$

其中 (x, y) 为语音–文本序列对，$f(\cdot; \boldsymbol{\theta})$ 为带有参数 $\boldsymbol{\theta}$ 的语音合成模型。注意，语音序列通常转换为梅尔频谱（mel-spectrogram）序列，并根据梅尔频谱序列计算均方误差。Tjandra 等人 [28] 采用了一种序列到序列的语音合成模型，其核心网络架构基于 Tacotron [30]。

自动语音识别模型的训练目标是最小化如下的负对数似然函数：

$$l(\boldsymbol{\phi}; \mathcal{D}) = -\frac{1}{|\mathcal{D}|} \sum_{(x,y) \in \mathcal{D}} \log P(y|x; \boldsymbol{\phi}) \tag{6.2}$$

其中 $P(y|x; \boldsymbol{\phi})$ 是参数为 $\boldsymbol{\phi}$ 的自动语音识别模型从语音序列 x 生成文本序列 y 的概率。Tjandra 等人 [28] 针对自动语音识别采用了基于注意力的编码器–解码器模型，这也是 3.3.2 节中介绍的一种序列到序列模型。

对于 $\mathcal{X}$ 中的未配对语音序列 x，对偶重构循环首先使用自动语音识别模型将其转换为文本序列 $\hat{y}(x)$：

$$\hat{y}(x) = \arg\max_y P(y|x; \boldsymbol{\phi})$$

然后使用语音合成模型 $\boldsymbol{\theta}$ 从 $\hat{y}(x)$ 重构原始序列 x。换言之，训练目标是最小化以下均方误差：

$$l(\boldsymbol{\theta}; \mathcal{X}) = \frac{1}{|\mathcal{X}|} \sum_{x \in \mathcal{X}} (x - f(\hat{y}(x); \boldsymbol{\theta}))^2 \tag{6.3}$$

类似地，对于 $\mathcal{Y}$ 中的未配对文本序列 y，对偶重构循环首先使用语音合成模型将其转换为语音序列 $\hat{x}(y)$：

$$\hat{x}(y) = f(y; \boldsymbol{\theta})$$

然后使用自动语音识别模型 $\boldsymbol{\phi}$ 从 $\hat{x}(y)$ 重构原始序列 y。也就是说，训练目标是最小化以下负对数似然函数：

$$l(\boldsymbol{\phi}; \mathcal{Y}) = -\frac{1}{|\mathcal{Y}|} \sum_{y \in \mathcal{Y}} \log P(y|\hat{x}(y); \boldsymbol{\phi}) \tag{6.4}$$

机器语音链的整体训练过程如算法 5 所示。在合成的单说话者的语音数据集和真实的多说话者的语音数据集上的实验[28]表明，语音链算法可以通过对偶重构循环使用未配对的数据有效改进语音合成和自动语音识别模型。

算法 5　　语音链算法

要求: 配对数据 $\mathcal{D}$、未配对语音数据 $\mathcal{X}$、未配对文本数据 $\mathcal{Y}$

1:　随机初始化语音合成模型参数 $\boldsymbol{\theta}$ 和自动语音识别模型参数 ϕ

2:　**repeat**

3:　　从 $\mathcal{D}$ 采样出一个批次数据 D

4:　　根据公式 (6.1)计算出数据 D 上的损失函数值 $\ell(\boldsymbol{\theta}; D)$

5:　　根据公式 (6.2)计算出数据 D 上的损失函数值 $\ell(\phi; D)$

6:　　从 $\mathcal{X}$ 采样出一个批次数据 X

7:　　根据公式 (6.3)计算出数据 X 上的损失函数值 $\ell(\boldsymbol{\theta}; X)$

8:　　从 $\mathcal{Y}$ 采样出一个批次数据 Y

9:　　根据公式 (6.4)计算出数据 Y 上的损失函数值 $\ell(\phi; Y)$

10:　　计算 $\boldsymbol{\theta}$ 和 ϕ 的梯度:

$$\Delta\boldsymbol{\theta} = \nabla_{\boldsymbol{\theta}}[\ell(\boldsymbol{\theta}; D) + \ell(\boldsymbol{\theta}; X)]$$

$$\Delta\phi = \nabla_{\phi}[\ell(\phi; D) + \ell(\phi; Y)]$$

11:　　使用任意优化器 opt_1 和 opt_2 更新模型:

$$\boldsymbol{\theta} \leftarrow \mathrm{opt}_1(\boldsymbol{\theta}, \Delta\boldsymbol{\theta}), \quad \phi \leftarrow \mathrm{opt}_2(\phi, \Delta\phi)$$

12: **until** $\boldsymbol{\theta}$ 和 ϕ 收敛

语音链算法的一个限制是无法处理没见过的说话者的语音数据。Tjandra 等人[29]通过在对偶循环内集成说话者识别模型来扩展算法，并通过实现对单说话者的自适应算法使语音合成模型能够处理没见过的说话者数据。单说话者自适应算法使语音合成模型能够只使用一个语音样本根据一个说话者模拟另一个说话者的语音特征，即使是从没有任何说话者信息的文本序列中也是如此。此外，对偶重构循环中的自动语音识别模型还受益于从生成的语音序列中学习任意说话者特征的能力，从而显著提高了识别精度[29]。

6.3　低资源语音处理的对偶学习

Ren 等人 [22] 研究了低资源环境下的语音合成和识别，其中只有少量配对的语音–文本序列可用，大多数训练数据是未配对的语音序列和文本序列。与 6.2 节介绍的语音链算法不同，除了对偶学习之外，Ren 等人 [22] 还采用了受无监督机器翻译启发的去噪自编码思想，并引入双向序列建模方法来处理序列学习中的误差传播。

在序列到序列学习中，误差传播 [2,25] 指如果在推断过程中错误地预测了某个标签，则该错误将被传播，并影响以该标签为条件的后续标签。这将导致生成的序列的右侧部分比左侧部分差。语音–文本序列[⊖]通常比其他自然语言处理任务（如神经机器翻译）中的序列更长，因此语音合成和自动语音识别更容易受到误差传播的影响（尤其是在低资源环境中）。

为了解决上述问题，Ren 等人 [22] 通过双向序列建模来生成从左到右和从右到左两个方向的语音和文本序列。这样就可以在从右到左的方向上，以良好的质量生成原始对偶变换过程中始终低质量的序列的右侧部分。因此，依赖生成数据进行训练的对偶任务将受益于序列右侧部分质量的提高，并产生比原始的从左到右生成方法更高的转换精度。同时，双向序列建模还可以作为一种数据增强法，利用两个方向上的数据，这在低资源环境中可用配对数据很少时尤其有用。

接下来，我们将介绍去噪自编码和对偶重构的训练目标函数。

6.3.1　使用双向序列建模的去噪自编码

类似于无监督神经机器翻译中的去噪自编码（见 4.4 节），Ren 等人从带噪声的版本中重构原始干净的语音–文本序列输入，如图 6.2a 和图 6.2b 所示。语音–文本数据去噪自编码的损失函数 ℓ_{dae} 如下：

$$\ell_{\text{dae}} = \sum_{x \in \mathcal{S}} \ell_{\text{sp}}(x|c(x); \boldsymbol{\theta}_{\text{en}}^{\text{sp}}, \boldsymbol{\theta}_{\text{de}}^{\text{sp}}) + \sum_{y \in \mathcal{T}} \ell_{\text{tx}}(y|c(y); \boldsymbol{\theta}_{\text{en}}^{\text{tx}}, \boldsymbol{\theta}_{\text{de}}^{\text{tx}}) \tag{6.5}$$

其中 $\mathcal{S}$ 和 $\mathcal{T}$ 分别表示语音和文本域中未配对序列的集合，$\boldsymbol{\theta}_{\text{en}}^{\text{sp}}$、$\boldsymbol{\theta}_{\text{de}}^{\text{sp}}$、$\boldsymbol{\theta}_{\text{en}}^{\text{tx}}$ 和 $\boldsymbol{\theta}_{\text{de}}^{\text{tx}}$ 分别表示语音编码器、语音解码器、文本编码器和文本解码器的模型参数，$c()$ 是加噪算子，它随机使用零向量屏蔽一些元素，或交换语音序列和文本序列的某个窗口中的元素 [15]。

⊖　语音序列通常被转换成包含数千帧的梅尔频谱，而文本序列通常被转换成音素序列，比原始单词序列或子词序列更长。

ℓ_{sp} 和 ℓ_{tx} 分别表示语音和文本序列的损失函数。一般来说，我们有

$$\ell_{\mathrm{sp}}(y|x;\boldsymbol{\theta}_{\mathrm{en}}^{\mathrm{sp}},\boldsymbol{\theta}_{\mathrm{de}}^{\mathrm{sp}}) = \mathrm{MSE}(y, f(x;\boldsymbol{\theta}_{\mathrm{en}}^{\mathrm{sp}},\boldsymbol{\theta}_{\mathrm{de}}^{\mathrm{sp}}))$$

$$\ell_{\mathrm{tx}}(y|x;\boldsymbol{\theta}_{\mathrm{en}}^{\mathrm{tx}},\boldsymbol{\theta}_{\mathrm{de}}^{\mathrm{tx}}) = -\Sigma \log P(y|x;\boldsymbol{\theta}_{\mathrm{en}}^{\mathrm{tx}},\boldsymbol{\theta}_{\mathrm{de}}^{\mathrm{tx}})$$

其中 MSE（Mean Squared Error）表示语音的均方误差。

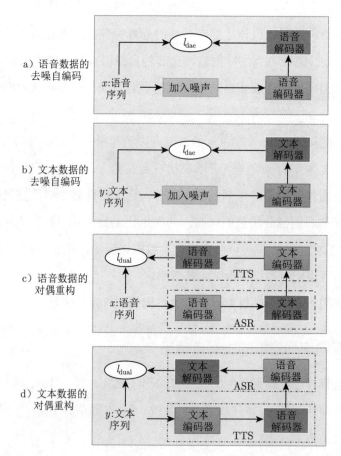

图 6.2 文献 [22] 中低资源语音合成和自动语音识别的训练流程。注意，加噪操作仅用于去噪自编码中

为了实现双向序列建模，我们需要重新规定去噪自编码和对偶重构的目标函数：

$$\ell_{\overrightarrow{\mathrm{dae}}} = \sum_{x\in\mathcal{S}} \ell_{\mathrm{sp}}(\overrightarrow{x}|c(\overrightarrow{x});\boldsymbol{\theta}_{\mathrm{en}}^{\mathrm{sp}},\boldsymbol{\theta}_{\mathrm{de}}^{\mathrm{sp}}) + \sum_{y\in\mathcal{T}} \ell_{\mathrm{tx}}(\overrightarrow{y}|c(\overrightarrow{y});\boldsymbol{\theta}_{\mathrm{en}}^{\mathrm{tx}},\boldsymbol{\theta}_{\mathrm{de}}^{\mathrm{tx}})$$

$$\ell_{\overleftarrow{\mathrm{dae}}} = \sum_{x\in\mathcal{S}} \ell_{\mathrm{sp}}(\overleftarrow{x}|c(\overleftarrow{x});\boldsymbol{\theta}_{\mathrm{en}}^{\mathrm{sp}},\boldsymbol{\theta}_{\mathrm{de}}^{\mathrm{sp}}) + \sum_{y\in\mathcal{T}} \ell_{\mathrm{tx}}(\overleftarrow{y}|c(\overleftarrow{y});\boldsymbol{\theta}_{\mathrm{en}}^{\mathrm{tx}},\boldsymbol{\theta}_{\mathrm{de}}^{\mathrm{tx}})$$

(6.6)

其中 $\overrightarrow{x}$ 是序列 x 从左到右的版本，即以从左到右的方式对 x 中的标签进行排序，而 $\overleftarrow{x}$ 是序列 x 的从右到左版本。也就是说，我们在从左到右和从右到左的方向上重构加噪声的语音和文本序列。在对两个方向的序列建模时，可以共享模型参数。

6.3.2　使用双向序列建模的对偶重构

Ren 等人遵循对偶重构准则，利用语音合成和自动语音识别的对偶性，并根据无标数据训练语音合成和自动语音识别模型。如图 6.2c 所示，首先使用自动语音识别模型将语音序列 x 转化为文本序列 $\hat{y}$，然后训练语音合成模型从生成的文本序列 $\hat{y}$ 重构原始语音序列 x，即在伪数据对 $(\hat{y}, x)$ 上训练语音合成模型。类似地，如图 6.2d 所示，在使用语音合成模型从文本序列 y 生成的伪数据对 $(\hat{x}, y)$ 上训练自动语音识别模型。

对偶重构的损失函数 ℓ_{dual} 包含以下两部分：

$$\ell_{\mathrm{dual}} = \sum_{x \in \mathcal{S}} \ell_{\mathrm{sp}}(x|\hat{y}; \boldsymbol{\theta}_{\mathrm{en}}^{\mathrm{tx}}, \boldsymbol{\theta}_{\mathrm{de}}^{\mathrm{sp}}) + \sum_{y \in \mathcal{T}} \ell_{\mathrm{tx}}(y|\hat{x}; \boldsymbol{\theta}_{\mathrm{en}}^{\mathrm{sp}}, \boldsymbol{\theta}_{\mathrm{de}}^{\mathrm{tx}}) \tag{6.7}$$

其中 $\hat{y} = \arg\max P(y|x; \boldsymbol{\theta}_{\mathrm{en}}^{\mathrm{sp}}, \boldsymbol{\theta}_{\mathrm{de}}^{\mathrm{tx}})$ 和 $\hat{x} = f(y; \boldsymbol{\theta}_{\mathrm{en}}^{\mathrm{tx}}, \boldsymbol{\theta}_{\mathrm{de}}^{\mathrm{sp}})$ 分别表示从语音 x 生成的文本序列和从文本 y 生成的语音序列。在模型训练过程中，对偶重构是即时运行的，语音合成模型利用自动语音识别模型生成的最新文本序列进行训练，自动语音识别模型利用语音合成模型生成的最新语音序列进行训练，以确保语音合成和自动语音识别的准确率能够逐渐提高。

引入双向建模后，对偶重构的损失函数重写为：

$$
\begin{aligned}
\ell_{\overrightarrow{\mathrm{dual}}} &= \sum_{x \in \mathcal{S}} \ell_{\mathrm{sp}}(\overrightarrow{x}|\overrightarrow{\hat{y}}; \boldsymbol{\theta}_{\mathrm{en}}^{\mathrm{tx}}, \boldsymbol{\theta}_{\mathrm{de}}^{\mathrm{sp}}) + \sum_{x \in \mathcal{S}} \ell_{\mathrm{sp}}(\overrightarrow{x}|r(\overleftarrow{\hat{y}}); \boldsymbol{\theta}_{\mathrm{en}}^{\mathrm{tx}}, \boldsymbol{\theta}_{\mathrm{de}}^{\mathrm{sp}}) + \\
&\quad \sum_{y \in \mathcal{T}} \ell_{\mathrm{tx}}(\overrightarrow{y}|\overrightarrow{x}; \boldsymbol{\theta}_{\mathrm{en}}^{\mathrm{sp}}, \boldsymbol{\theta}_{\mathrm{de}}^{\mathrm{tx}}) + \sum_{y \in \mathcal{T}} \ell_{\mathrm{tx}}(\overrightarrow{y}|r(\overleftarrow{\hat{x}}); \boldsymbol{\theta}_{\mathrm{en}}^{\mathrm{sp}}, \boldsymbol{\theta}_{\mathrm{de}}^{\mathrm{tx}}) \\
\ell_{\overleftarrow{\mathrm{dual}}} &= \sum_{x \in \mathcal{S}} \ell_{\mathrm{sp}}(\overleftarrow{x}|\overleftarrow{\hat{y}}; \boldsymbol{\theta}_{\mathrm{en}}^{\mathrm{tx}}, \boldsymbol{\theta}_{\mathrm{de}}^{\mathrm{sp}}) + \sum_{x \in \mathcal{S}} \ell_{\mathrm{sp}}(\overleftarrow{x}|r(\overrightarrow{\hat{y}}); \boldsymbol{\theta}_{\mathrm{en}}^{\mathrm{tx}}, \boldsymbol{\theta}_{\mathrm{de}}^{\mathrm{sp}}) + \\
&\quad \sum_{y \in \mathcal{T}} \ell_{\mathrm{tx}}(\overleftarrow{y}|\overleftarrow{x}; \boldsymbol{\theta}_{\mathrm{en}}^{\mathrm{sp}}, \boldsymbol{\theta}_{\mathrm{de}}^{\mathrm{tx}}) + \sum_{y \in \mathcal{T}} \ell_{\mathrm{tx}}(\overleftarrow{y}|r(\overrightarrow{\hat{x}}); \boldsymbol{\theta}_{\mathrm{en}}^{\mathrm{sp}}, \boldsymbol{\theta}_{\mathrm{de}}^{\mathrm{tx}})
\end{aligned}
\tag{6.8}
$$

其中 $r(\cdot)$ 是将序列由从左到右反转为从右到左或由从右到左反转为从左到右的逆序函数。

$$\overrightarrow{\hat{y}} = \arg\max P(\overrightarrow{y}|\overrightarrow{x}; \boldsymbol{\theta}_{\mathrm{en}}^{\mathrm{sp}}, \boldsymbol{\theta}_{\mathrm{de}}^{\mathrm{tx}})$$

$$\overleftarrow{\hat{y}} = \arg\max P(\overleftarrow{y}|\overleftarrow{x}; \boldsymbol{\theta}_{\text{en}}^{\text{sp}}, \boldsymbol{\theta}_{\text{de}}^{\text{tx}})$$

$$\overrightarrow{\hat{x}} = f(\overrightarrow{\hat{y}}; \boldsymbol{\theta}_{\text{en}}^{\text{tx}}, \boldsymbol{\theta}_{\text{de}}^{\text{sp}})$$

$$\overleftarrow{\hat{x}} = f(\overleftarrow{\hat{y}}; \boldsymbol{\theta}_{\text{en}}^{\text{tx}}, \boldsymbol{\theta}_{\text{de}}^{\text{sp}})$$

分别表示在从左到右和从右到左方向上从 x 和 y 生成的序列。损失项 $\ell_{\overrightarrow{\text{dual}}}$ 中的 $\ell_{\text{sp}}(\overrightarrow{\hat{x}}|r(\overleftarrow{\hat{y}}); \boldsymbol{\theta}_{\text{en}}^{\text{tx}}, \boldsymbol{\theta}_{\text{de}}^{\text{sp}})$ 和 $\ell_{\text{tx}}(\overrightarrow{\hat{y}}|r(\overleftarrow{\hat{x}}); \boldsymbol{\theta}_{\text{en}}^{\text{sp}}, \boldsymbol{\theta}_{\text{de}}^{\text{tx}})$ 能够帮助模型更好地学习由于误差传播而导致质量较差的序列的右侧部分。$\ell_{\overleftarrow{\text{dual}}}$ 中的损失项类似。

6.3.3 模型训练

如公式 (6.6) 和公式 (6.8)所示，从左到右和从右到左方向共享相同的模型，即我们训练一个双向生成序列的模型。为了让模型了解序列将要生成的方向，区别于使用零向量作为训练和推断的起始标签的传统解码器，Ren 等人使用两个可学习的方向向量表示生成方向，一个表示从左到右生成，另一个表示从右到左生成。总共有四个方向向量，两个用于语音生成，另外两个用于文本生成。

除无标数据外，类似于 4.3 节中的 DualNMT，Ren 等人还利用一些配对数据根据以下的双向有监督损失函数进行双向训练：

$$\ell_{\overrightarrow{\text{sup}}} = \sum_{(x,y)\in\mathcal{D}} \ell_{\text{sp}}(\overrightarrow{x}|\overrightarrow{y}; \boldsymbol{\theta}_{\text{en}}^{\text{tx}}, \boldsymbol{\theta}_{\text{de}}^{\text{sp}}) + \sum_{(x,y)\in\mathcal{D}} \ell_{\text{tx}}(\overrightarrow{y}|\overrightarrow{x}; \boldsymbol{\theta}_{\text{en}}^{\text{sp}}, \boldsymbol{\theta}_{\text{de}}^{\text{tx}})$$
$$\ell_{\overleftarrow{\text{sup}}} = \sum_{(x,y)\in\mathcal{D}} \ell_{\text{sp}}(\overleftarrow{x}|\overleftarrow{y}; \boldsymbol{\theta}_{\text{en}}^{\text{tx}}, \boldsymbol{\theta}_{\text{de}}^{\text{sp}}) + \sum_{(x,y)\in\mathcal{D}} \ell_{\text{tx}}(\overleftarrow{y}|\overleftarrow{x}; \boldsymbol{\theta}_{\text{en}}^{\text{sp}}, \boldsymbol{\theta}_{\text{de}}^{\text{tx}}) \tag{6.9}$$

其中 $\mathcal{D}$ 表示配对的语音–文本序列。

文献 [22] 中提出的方法的总损失函数如下：

$$\ell = \ell_{\overrightarrow{\text{dae}}} + \ell_{\overleftarrow{\text{dae}}} + \ell_{\overrightarrow{\text{dual}}} + \ell_{\overleftarrow{\text{dual}}} + \ell_{\overrightarrow{\text{sup}}} + \ell_{\overleftarrow{\text{sup}}} \tag{6.10}$$

其中每个单独的损失项分别见公式 (6.6)、公式 (6.8) 和公式 (6.9)。

Ren 等人使用仅 200 个配对的语音–文本句子以及额外的未配对数据进行训练，在 LJSpeech 数据集 [11] 上进行了实验。结果表明，他们的方法可以生成可理解的语音，单词级可理解率为 99.84%（相比之下，如果仅用 200 个配对的语音–文本句子训练，则可理解率接近 0），并且在语音合成任务上获得 2.68 的平均音质得分（Mean Opinion Score，MOS），在自动语音识别任务上获得 11.7% 的音素错误率（Phoneme Error Rate，

PER)，优于仅在 200 个配对句子上训练的基准模型。通过该方法和基准模型生成的语音样本见 https://speechresearch.github.io/unsuper/。

6.4　极低资源语音处理的对偶学习

尽管 Ren 等人 [22] 生成了相当好的人工语音，并通过对偶学习利用了未配对的语音和文本数据，显著提高了低资源条件下的语音识别准确率，但得到的语音识别模型的准确率及合成的语音的质量仍然无法满足商业语音服务的要求。Xu 等人 [34] 在文献 [22] 的基础上进一步将对偶学习扩展到用于语音合成和语音识别的极低资源环境中，并在以下两个约束下面向工业部署：(1) 极低的数据收集成本；(2) 满足部署要求的高精度。

工业级神经语音合成和识别系统通常使用多种数据进行模型训练。

- 语音合成需要专业录音棚采集的高质量单说话者（目标说话者）录音。为了提高发音准确性，语音合成还需要一个发音词典，将字符序列转化为音素序列（例如，将 "speech" 转化为 "s p iy ch"）作为模型输入，这称为字素到音素的转换 [26]。此外，语音合成模型使用文本归一化规则将不规则词转换为更容易发音的归一化类型（例如，将 "Dec 6th" 转换为 "December Sixth"）。
- 语音识别需要有多个说话者的语音数据，以便在推断过程中泛化，进而推广到没见过的说话者。语音识别任务中的多个说话者的语音数据的质量不需要像语音合成中那样要求高，但数据量通常要大一个数量级。用于语音识别的语音数据称为多说话者低质量数据[⊖]。有的语音识别模型会首先将语音序列识别为音素序列，然后将其转换为由语音合成中使用的发音词典中的字符构成的序列。
- 除了配对的语音和文本数据，语音合成和识别系统还可能利用未配对的语音和文本数据训练模型。

考虑到不同类型的数据的获取成本不同，Xu 等人 [34] 降低了整体数据收集成本：

- 仅使用数分钟的单说话者高质量配对语音–文本数据，因为这种数据的收集成本最高，而且语音数据通常是在专业录音室录制的。
- 使用数小时的多说话者低质量配对语音–文本数据。与上述高质量配对数据相

⊖ 这里的低质量并不意味着内容不正确，而是与高质量的语音合成录音相比，语音数据的质量相对较低（例如，带有背景噪音、不正确的发音等）。

比，低质量配对数据的收集成本相对较低。例如，可以从网络上收集语音数据并要求人工标注人员转录它们的文本。

- 使用数十小时的多说话者低质量未配对语音数据。这种没有配对文本的低质量语音相对容易从网络上收集，成本几乎为零。
- 不使用来自目标语音合成说话者的高质量语音数据，因为这些数据的收集成本很高。
- 不使用发音词典而是直接将字符作为语音合成模型的输入和自动语音识别模型的输出，因为词典的获取成本很高（尤其是对于稀有语言）。

为了在降低数据成本的同时保证语音合成的质量和自动语音识别的准确率，Xu 等人 [34] 开发了一个语音合成和识别的联合系统，名为 LRSpeech，它基于三个关键技术：

- 在资源丰富的语言上预训练，并在低资源目标语言上微调。
- 通过对偶学习使语音合成和识别之间迭代地提高精度。
- 使用知识蒸馏进一步提高合成质量和识别精度。

具体来说，LRSpeech 的训练流程包含三个阶段，如图 6.3 所示。

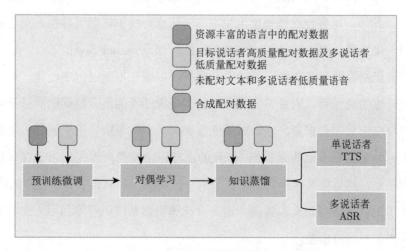

图 6.3　LRSpeech 的三阶段训练流程（见彩插）

在介绍三个阶段的细节之前，我们首先定义一些符号。令 $\mathcal{D}$ 表示配对的文本–语音语料库，$(x,y) \in \mathcal{D}$ 表示语音–文本序列对。语音序列 x 中的每个元素 x_i 代表一个语音帧，文本序列 y 中的每个元素 y_i 代表一个音素或字符。

令 $\mathcal{D}_{\text{rich\_tts}}$ 表示资源丰富的语言中的高质量语音合成配对数据，$\mathcal{D}_{\text{rich\_asr}}$ 表示资源丰富的语言中的多说话者低质量自动语音识别配对数据，$\mathcal{D}_{\text{h}}$ 表示目标低资源语言中针对目标说话者的单说话者高质量配对数据，$\mathcal{D}_l$ 表示目标低资源语言中的多说话者低质量配对数据。令 $\mathcal{X}^u$ 表示多说话者低质量未配对语音数据，$\mathcal{Y}^u$ 表示未配对文本数据。

6.4.1　预训练和微调

学习字符/音素表示（文本）和声学特征（语音）之间的对齐方式是语音合成和自动语音识别的关键。虽然来自不同国家的人可能讲不同的语言，但他们的发音器官相似，因此发音相似。因此，不同语言的音素和语音的对齐方式有一些相似之处 [14,32]。考虑到可以重用资源丰富的语言中的大规模配对语音–文本数据以降低成本，这促使研究者将在资源丰富的语言中训练的语音合成和自动语音识别模型迁移到低资源语言。

LRSpeech 使用配对数据语料库 $\mathcal{D}_{\mathrm{rich\_tts}}$，通过最小化公式(6.1)中的损失函数来预训练语音合成模型 θ；使用配对数据语料库 $\mathcal{D}_{\mathrm{rich\_asr}}$，通过最小化公式(6.2)中的损失函数来预训练自动语音识别模型 ϕ。

由于资源丰富的语言和低资源语言具有不同的音素/字符词汇表和说话者，除了语音合成模型中的音素/字符和说话者嵌入以及自动语音识别模型中的音素或字符嵌入外⊖，LRSpeech 使用所有其他预训练参数初始化低资源语言的语音合成和自动语音识别模型。然后，LRSpeech 分别通过最小化公式 (6.1) 和公式 (6.2)，使用 D_h 和 D_l 对语音合成模型 θ 和自动语音识别模型 ϕ 进行微调。令 θ^{ft} 和 ϕ^{ft} 分别表示微调后的语音合成和自动语音识别模型。

6.4.2　对偶重构

LRSpeech 使用未配对的文本和语音数据，通过对偶学习过程，进一步改进 θ^{ft} 和 ϕ^{ft} 两个模型。对于每个未配对的语音序列 $x \in \mathcal{X}^u$，LRSpeech 使用最新的自动语音识别模型将其转换为文本序列 $\hat{y}$，然后优化最新的语音合成模型，使其从 $\hat{y}$ 重构 x。对于每个未配对的文本序列 $y \in \mathcal{Y}^u$，LRSpeech 使用最新的语音合成模型将其转换为语音序列 $\hat{x}$，然后优化最新的自动语音识别模型，使其从 $\hat{x}$ 重构 y。

LRSpeech 进一步对对偶重构循环进行了一些具体设计，以支持多说话者的语音合成和自动语音识别。

- 不同于在语音合成和自动语音识别模型中都只支持单说话者 [16,22]，LRSpeech

⊖　自动语音识别模型不需要说话者嵌入。

在对偶重构中支持多说话者语音合成和识别。LRSpeech 随机选择一个说话者 ID，并在给定文本序列的情况下合成该说话者的语音，这有利于多说话者自动语音识别模型的训练。此外，自动语音识别模型将多说话者语音转换为文本，有助于多说话者语音合成模型的训练。

- 多说话者的低质量未配对语音数据比单说话者的高质量未配对语音数据更容易获得，这使得语音合成和自动语音识别模型能在对偶重构中利用没见过的说话者的未配对语音，可以使 LRSpeech 更加稳健、更可扩展。与自动语音识别相比，为没见过的说话者合成语音更具挑战性。为此，LRSpeech 在两个阶段执行对偶重构工作，每个阶段都有不同类型的未配对数据：（1）在第一阶段，LRSpeech 仅使用来自配对训练数据中出现的说话者的未配对语音；（2）在第二阶段，LRSpeech 使用未出现在配对训练数据中的说话者的未配对语音。由于自动语音识别模型可以自然地支持没见过的新说话者，因此通过对偶重构使语音合成模型能够为没见过的新说话者合成语音。

令 θ^{dr} 和 ϕ^{dr} 分别表示对偶学习后的语音合成和自动语音识别模型。

6.4.3　知识蒸馏

在质量方面，我们目前得到的语音合成和自动语音识别模型 θ^{dr} 和 ϕ^{dr} 还远未做好进行工业部署的准备。有几个问题需要解决：（1）语音合成模型虽然可以支持多个说话者，但目标说话者的合成语音的质量不够好，需要进一步改进；（2）语音合成模型合成的语音仍然存在跳词和重复的问题；（3）自动语音识别模型的精度有待进一步提高。因此，LRSpeech 进一步利用知识蒸馏 [13,27] 来改进语音合成和自动语音识别模型。

语音合成的知识蒸馏流程包含以下三个步骤：

- 对于每个未配对的文本序列 $y \in \mathcal{Y}^{\mathrm{u}}$，使用语音合成模型 θ^{dr} 以及目标说话者的嵌入合成目标说话者的语音序列。这样，我们就构建了一个单说话者（即目标说话者）的伪配对语料库 $\mathcal{D}(\mathcal{Y}^{\mathrm{u}})$。
- 从 $\mathcal{D}(\mathcal{Y}^{\mathrm{u}})$ 中删除那些合成语音存在跳词和重复问题的伪文本–语音对。
- 使用过滤后的语料库 $\mathcal{D}(\mathcal{Y}^{\mathrm{u}})$ 来训练一个专用于目标说话者的新语音合成模型 θ^{kd}。

在第一步中，构建的语料库 $\mathcal{D}(\mathcal{Y}^{\mathrm{u}})$ 中的语音只包含语音合成模型的目标说话者，这与 6.4.2 节的多说话者语料 $\mathcal{D}(\mathcal{Y}^u)$ 不同。由于第一步中的语音合成模型 θ^{dr} 生成的语音存在跳词和重复问题，因此在第二步中，LRSpeech 将去除存在这些问题的合成语音，并在准确的文本和语音对上训练新的语音合成模型 θ^{kd}，这样就可以在很大程度上避免跳词和重复的问题。

注意到未配对的文本和多说话者的低质量未配对语音都可用于自动语音识别$^\ominus$，LRSpeech 同时利用自动语音识别模型 ϕ^{dr} 和语音合成模型 θ^{dr} 来合成用于自动语音识别的蒸馏数据：

- 对于每个未配对的语音 $x \in \mathcal{X}^u$，使用自动语音识别模型 ϕ^{dr} 生成相应的文本。这样就构建了一个伪语料库 $\mathcal{D}(\mathcal{X}^u)$。

- 对于每个未配对的文本 $y \in \mathcal{Y}^u$，使用语音合成模型 θ^{dr} 合成多个说话者的相应语音。这样就构建了一个伪语料库 $\mathcal{D}(\mathcal{Y}^u)$。

- 将 $\mathcal{D}(\mathcal{X}^u)$、$\mathcal{D}(\mathcal{Y}^u)$、单说话者高质量配对数据 $\mathcal{D}_h$ 以及多说话者低质量配对数据 $\mathcal{D}_l$ 组合在一起，训练一个新的自动语音识别模型 ϕ^{kd}。

6.4.4　LRSpeech 的性能

在网络架构方面，LRSpeech 对语音合成和自动语音识别模型均采用基于 Transformer 的编码器–解码器架构。Xu 等人 [34] 的研究表明，对偶重构与预训练（在资源丰富的语言上）和后蒸馏可以显著提高语音合成质量和自动语音识别精度。特别是，LRSpeech 仅使用目标说话者 5 分钟的高质量语音（加上相应的文本）就可以学习出满足商业语音服务质量要求的语音合成模型。训练数据的统计信息见表 6.1。

表 6.1　LRSpeech 使用的训练数据统计

符号	质量	类型	数据集	样本数量
$\mathcal{D}_h$	高	配对	LJSpeech [11]	50（5min）
$\mathcal{D}_l$	低	配对	LibriSpeech [18]	1000（3.5h）
$\mathcal{X}^u_{seen}$	低	未配对	LibriSpeech	2000（7h）
$\mathcal{X}^u_{unseen}$	低	未配对	LibriSpeech	5000（14h）
$\mathcal{Y}^u$	/	未配对	News-crawl	20000

注：　$\mathcal{D}_h$ 表示来自目标说话者的高质量配对数据，$\mathcal{D}_l$ 表示多说话者的低质量配对数据（50 个说话者）。$\mathcal{X}^u_{seen}$ 表示多说话者的低质量未配对语音数据（50 个说话者），其中说话者曾出现在配对训练数据 $\mathcal{D}_l$ 中。$\mathcal{X}^u_{unseen}$ 表示多说话者的低质量未配对语音数据（50 个说话者），其中说话者未曾出现在配对训练数据 $\mathcal{D}_l$ 中。$\mathcal{Y}^u$ 表示未配对的文本数据

$\ominus$　单说话者的高质量未配对语音数据的收集成本很高，而未配对的文本数据很容易获得。因此，LRSpeech 只使用语音合成模型为未配对文本合成语音以进行语音合成的蒸馏。

6.5　非母语语音识别的对偶学习

6.5.1　非母语语音识别的难点

尽管最新的自动语音识别系统对母语人士的语音的准确率非常高 [33]，但当被识别语言的非母语人士使用时，识别准确率会显著降低。提高非母语人士语音识别率的一种简单而直接的方法是针对特定的语言和该语言的非母语人士群体训练自动语音识别模型。然而，训练高精度的自动语音识别模型需要大规模的语音–文本配对数据，成本很高。特别是，由于中文母语者的英语发音与日文母语者的英语发音会有很大的不同，即使只考虑对非母语人士的英语识别，我们也需要针对母语非英语的不同群体训练多个 ASR 模型，即每个群体都是某种语言的母语人士。因此，我们需要为 n 种语言训练 n^2 个自动语音识别模型。即使我们只考虑使用最广泛的 100 种语言，这也意味着要训练 10 000 个 ASR 模型，我们无法为每个模型收集大规模的标记语音–文本数据。

与配对数据集相比，未配对数据集更容易收集，而且对于使用第二语言的许多群体而言，数据集的规模也更大。因此，Radzikowski 等人 [21] 提出利用没有对应文本的语音样本和没有对应语音的文本语料库这两种未配对数据，通过对偶学习训练自动语音识别模型来识别非母语语音，并利用了语音识别和语音合成具有对偶形式的事实。

文献 [21] 中研究的非母语语音识别的问题设置与文献 [22] 中研究的低资源语音合成和语音识别的问题非常相似。两者都使用一小组配对的语音–文本数据和大规模的未配对的语音和文本数据。两者的目标略有不同：Radzikowski 等人 [21] 专注于构建自动语音识别模型，而 Ren 等人 [22] 专注于同时构建语音合成和自动语音识别模型。两者的方法也有所不同。接下来，我们首先介绍文献 [21] 中提出的方法，然后与文献 [22] 中的方法进行比较。

6.5.2　基于对偶重构准则的方法

文献 [21] 构建的非母语语音识别系统使用了四种模型：

- 第一个模型是文本语言模型 M_T，它是使用文本语料库（没有配对的语音数据）训练的。该模型有两个目标：（1）生成一个新的文本句子；（2）估计给定文本句子的似然分数，即给定文本句子是自然语言句子的可能性大小。
- 第二个模型是声学模型 M_S，它是用未标记的非母语录音语料库（没有配对的文本数据）训练的。该模型也有两个目标：（1）生成新的语音序列（声波）；（2）估计给定语音序列的似然分数，即给定语音序列是人类录音的可能性大小。

- 第三个模型是语音识别模型 M_{S2T}，可以从给定的语音序列中识别文本。
- 第四个模型是语音合成模型 M_{T2S}，可以从给定的文本句子生成语音序列。

训练分为两个阶段：预训练阶段和对偶学习阶段。在预训练阶段，文本语言模型 M_{T} 和声学模型 M_{S} 分别使用未标记文本语料库和未标记语音语料库进行独立训练。语音识别模型 M_{S2T} 和语音合成模型 M_{T2S} 可以在此阶段使用配对语音–文本语料库的小集合进行训练。若如此做，则对偶学习阶段将从预训练的 M_{S2T} 和 M_{T2S} 暖启动。

在对偶学习阶段，固定文本语言模型 M_{T} 和声学模型 M_{S}，以帮助语音识别模型 M_{S2T} 和语音合成模型 M_{T2S} 的训练。也就是说，只有 M_{S2T} 和 M_{T2S} 可以在第二阶段使用未标记的语音和文本数据进行训练和更新。训练过程完全遵循对偶重构准则（参见 4.2 节），通过图 4.1 所示的闭环最小化语音序列或文本句子的重构误差。闭环有两种，一种从未标记的文本句子开始，另一种从未标记的语音序列开始。每个闭环有四个步骤。我们以从文本序列开始的环为例：

- 从一个未标记的句子 t 开始，它可以来自未标记的文本语料库，也可以由文本语言模型 M_{T} 生成$^{\ominus}$。
- 语音合成模型 M_{T2S} 以 t 为输入，生成语音序列 $s = M_{\mathrm{T2S}}(t)$。
- 声学模型 M_{S} 对语音序列进行评分：

$$r^{\mathrm{im}} = M_{\mathrm{S}}(s)$$

r^{im} 表示 s 是人类语音序列的可能性。

- 语音识别模型 M_{S2T} 将 s 转换为文本。实际上，我们计算从 s 重构出原始文本句子 t 的似然分数：

$$r^{\mathrm{re}} = \log P(t|s; M_{\mathrm{S2T}})$$

通过这一个环，我们收集了两个反馈信号 r^{im} 和 r^{re}，然后利用这两个信号，使用策略梯度方法更新两个模型 M_{S2T} 和 M_{T2S}。详细的算法见文献 [21]。

虽然语音识别模型和语音合成模型都经过对偶学习的训练和改进，但由于非母语语音识别的训练目标，Radzikowski 等人主要关注语言识别模型，将合成模型看作训练过程的副产品。

　　$\ominus$　尽管 Radzikowski 等人 [21] 采用第一种，但我们相信第二种也同样有效（如果不是更好的话）。

Radzikowski 等人 [21] 和 Ren 等人 [22]（6.3 节）都探索了低资源语音处理的对偶学习。它们在几个方面有所区别：

- 在任务方面，Radzikowski 等人关注语音识别，而 Ren 等人同时关注语音识别和语音合成。
- 在训练方法方面，Radzikowski 等人主要使用对偶学习，而 Ren 等人除采用对偶学习之外，还利用了去噪自编码（参见 6.3.1 节）。
- 在网络架构方面，Radzikowski 等人直接采用 RNN/LSTM，而 Ren 等人通过双向序列建模增强 Transformer 模型。

6.6　拓展

到目前为止，我们已经在第 4 章中介绍了自然语言任务，在第 5 章中介绍了计算机视觉任务，在本章中介绍了语音相关任务。本节将简要介绍自然语言、计算机视觉和语音处理之外的几项任务。

在推荐系统中，物品排序任务（基于用户偏好对一组物品进行排序）和用户检索任务（针对物品寻找潜在用户）具有对偶形式。Zhang 和 Yang [38] 提出了一种基于对偶学习的排序框架，通过最小化成对排序损失来联合学习用户对物品的偏好和物品对用户的偏好。有效的反馈信号是由两个对偶任务形成的闭环产生的。通过强化学习过程，这两个任务的模型被迭代地更新，以捕捉物品推荐任务和用户检索任务之间的关系。

用户身份链接是指跨社交网络/平台链接多个 ID 的任务，即检测 Facebook 中的一个 ID 和另一个 Twitter 中的 ID 是否是同一用户。Zhou 等人 [39] 提出了一种基于对偶学习的方法，它联合学习两个映射函数：原始函数将社交网络 $\mathcal{X}$ 中的 ID 映射到社交网络 $\mathcal{Y}$ 中的 ID，对偶函数将 $\mathcal{Y}$ 中的 ID 映射到 $\mathcal{X}$ 中的 ID。他们认为，对于两个好的映射函数，如果一个 ID $x \in \mathcal{X}$ 通过原始函数链接/映射到一个 ID $y \in \mathcal{Y}$，那么 y 应当能够通过对偶函数链接到 x。也就是说，对偶重构准则应该在这个问题上成立。该研究表明，通过对偶学习，不仅可以利用未标记的节点，而且可以通过强化学习过程改进多个网络之间的映射。

半监督学习 (Semi-Supervised Learning, SSL) 是解决标记数据短缺的常用方法。半监督学习面临的一个挑战是如何安全地使用未标记的数据。Gan 等人 [10] 采用对偶学习来估计未标记数据样本的安全性或风险，并提出基于对偶学习的安全半监督学习

（DuAL Learning-based sAfe Semi-supervised learning, DALLAS）。为了安全地利用未标记的数据，DALLAS 首先利用通过对偶学习获得的原始模型对每个未标记的样本进行分类，然后使用对偶模型从原始模型的输出中重构未标记的样本。使用未标记样本的风险的衡量指标有：（1）原始样本和重构样本之间的重构误差；（2）原始样本和重构的未标记样本的预测结果（使用原始模型）的一致性。如果误差很小并且预测一致，则未标记的样本可以安全使用。否则，该样本可能存在风险，在使用该样本时应谨慎。脑电图分类采用了类似的思想 [23]。

这类安全性理由也论证了对偶重构准则在机器翻译中相对回译技术（参见 4.1.2 节）的优势。机器翻译中的单语数据通常是有噪声的。对于目标语言中的单语句子 y 而言，对偶（目标语言到源语言）模型的翻译结果 $\hat{x}$ 由于对偶模型的不完善而进一步引入了噪声。因此，将这样的伪数据对 $(\hat{x}, y)$ 直接添加到用于模型训练的双语数据集中会带来噪声，从而可能损害最终模型的性能。相比之下，在 DualNMT 算法等对偶学习中，我们使用原始模型来衡量 $\hat{x}$ 的质量：重构概率 $P(y|\hat{x})$ 越大，伪数据对 $(\hat{x}, y)$ 的质量越好。因此，我们可以根据对偶重构概率或误差来区分对偶学习中不同的未标记句子，在使用具有噪声的未标记数据时更好地控制风险。

参考文献

[1] Arik, S., Chen, J., Peng, K., Ping, W., & Zhou, Y. (2018). Neural voice cloning with a few samples. In *Advances in Neural Information Processing Systems 31: Annual Conference on Neural Information Processing Systems 2018, NeurIPS 2018, 3-8 December 2018, Montréal* (pp. 10040-10050).

[2] Bengio, S., Vinyals, O., Jaitly, N., & Shazeer, N. (2015). Scheduled sampling for sequence prediction with recurrent neural networks. In *Advances in Neural Information Processing Systems* (pp. 1171-1179).

[3] Chan,W., Jaitly, N., Le, Q.,& Vinyals, O. (2016). Listen, attend and spell: A neural network for large vocabulary conversational speech recognition. In *2016 IEEE International Conference on Acoustics, Speech and Signal Processing (ICASSP)* (pp. 4960-4964). Piscataway, NJ: IEEE.

[4] Chen, Y.-C., Shen, C.-H., Huang, S.-F., & Lee, H.-Y. (2018). Towards unsupervised automatic speech recognition trained by unaligned speech and text only. Preprint. arXiv:1803.10952.

[5] Chen, Y.-C., Shen, C.-H., Huang, S.-F., Lee, H.-Y., & Lee, L.-S. (2018). Almost-unsupervised speech recognition with close-to-zero resource based on phonetic structures learned from very small unpaired speech and text data. Preprint. arXiv:1810.12566.

[6] Chen, Y., Assael, Y., Shillingford, B., Budden, D., Reed, S., Zen, H., et al. (2018). Sample efficient adaptive text-to-speech. In *International Conference on Learning Representations*.

[7] Chiu, C.-C., Sainath, T. N.,Wu, Y., Prabhavalkar, R., Nguyen, P., Chen, Z., et al. (2018). Stateof-the-art speech recognition with sequence-to-sequence models. In *2018 IEEE International Conference on Acoustics, Speech and Signal Processing (ICASSP)* (pp. 4774-4778). Piscataway, NJ: IEEE.

[8] Chuangsuwanich, E. (2016). *Multilingual Techniques for Low Resource Automatic Speech Recognition.*. Technical report, Cambridge, MA: Massachusetts Institute of Technology.

[9] Dalmia, S., Sanabria, R., Metze, F., & Black, A. W. (2018). Sequence-based multi-lingual low resource speech recognition. Preprint. arXiv:1802.07420.

[10] Gan, H., Li, Z., Fan, Y., & Luo, Z. (2017). Dual learning-based safe semi-supervised learning. *IEEE Access, 6*, 2615-2621.

[11] Ito, K. (2017). The LJ speech dataset. https://keithito.com/LJ-Speech-Dataset/

[12] Jia, Y., Zhang, Y., Weiss, R. J., Wang, Q., Shen, J., Ren, F., et al. (2018). Transfer learning from speaker verification to multispeaker text-to-speech synthesis. In *Advances in Neural Information Processing Systems 31: Annual Conference on Neural Information Processing Systems 2018, NeurIPS 2018, 3-8 December 2018, Montréal* (pp. 4485-4495).

[13] Kim, Y., & Rush, A. M. (2016). Sequence-level knowledge distillation. In *Proceedings of the 2016 Conference on Empirical Methods in Natural Language Processing* (pp. 1317-1327).

[14] Kuhl, P. K., Conboy, B. T., Coffey-Corina, S., Padden, D., Rivera-Gaxiola, M., & Nelson, T. (2008). Phonetic learning as a pathway to language: New data and native language magnet theory expanded (NLM-e). *Philosophical Transactions of the Royal Society B: Biological Sciences, 363*(1493), 979-1000.

[15] Lample, G., Conneau, A., Denoyer, L., & Ranzato, M. A. (2018). Unsupervised machine translation using monolingual corpora only. In *Sixth International Conference on Learning Representations, ICLR 2018.*

[16] Liu, A. H., Tu, T., Lee, H. Y., & Lee, L. S. (2019). Towards unsupervised speech recognition and synthesis with quantized speech representation learning. Preprint. arXiv:1910.12729.

[17] Liu, D.-R., Chen, K.-Y., Lee, H.-Y., & Lee, L.-S. (2018). Completely unsupervised phoneme recognition by adversarially learning mapping relationships from audio embeddings. Preprint. arXiv:1804.00316.

[18] Panayotov, V., Chen, G., Povey, D., & Khudanpur, S. (2015). Librispeech: An ASR corpus based on public domain audio books. In *2015 IEEE International Conference on Acoustics, Speech and Signal Processing (ICASSP)* (pp. 5206-5210). Piscataway, NJ: IEEE.

[19] Ping, W., Peng, K., & Chen, J. (2019). Clarinet: Parallel wave generation in end-to-end textto-speech. In *International Conference on Learning Representations.*

[20] Ping, W., Peng, K., Gibiansky, A., Arik, S. O., Kannan, A., Narang, S., et al. (2018). Deep voice 3: Scaling text-to-speech with convolutional sequence learning. In *International Conference on Learning Representations.*

[21] Radzikowski, K., Nowak, R., Wang, L., & Yoshie, O. (2019). Dual supervised learning for non-native speech recognition. *EURASIP Journal on Audio, Speech, and Music Processing, 2019*(1), 3, 2019.

[22] Ren, Y., Tan, X., Qin, T., Zhao, S., Zhao, Z., & Liu, T. Y. (2019). Almost unsupervised text to speech and automatic speech recognition. In *International Conference on Machine Learning* (pp. 5410-5419).

[23] She, Q., Zou, J., Luo, Z., Nguyen, T., Li, R., & Zhang, Y. (2020). Multi-class motor imagery EEG classification using collaborative representation-based semi-supervised extreme learning machine. *Medical & Biological Engineering & Computing, 58*(9), 2119-2130.

[24] Shen, J., Pang, R., Weiss, R. J., Schuster, M., Jaitly, N., Yang, Z., et al. (2018). Natural TTS synthesis by conditioning WaveNet on mel spectrogram predictions. In *2018 IEEE International Conference on Acoustics, Speech and Signal Processing (ICASSP)* (pp. 4779-4783). Piscataway, NJ: IEEE.

[25] Shen, S., Cheng, Y., He, Z., He, W., Wu, H., Sun, M., et al. (2016). Minimum risk training for neural machine translation. In *Proceedings of the 54th Annual Meeting of the Association for Computational Linguistics, ACL 2016, August 7-12, 2016, Berlin, Volume 1: Long Papers.*

[26] Sun, H., Tan, X., Gan, J.-W., Liu, H., Zhao, S., Qin, T., et al. (2019). Token-level ensemble distillation for grapheme-to-phoneme conversion. *Proceedings of the Interspeech 2019* (pp. 2115-2119).

[27] Tan, X., Ren, Y., He, D., Qin, T., Zhao, Z., & Liu, T. Y. (2019). Multilingual neural machine translation with knowledge distillation. In *International Conference on Learning Representations.*

[28] Tjandra, A., Sakti, S., & Nakamura, S. (2017). Listening while speaking: Speech chain by deep learning. In *Automatic Speech Recognition and Understanding Workshop (ASRU), 2017 IEEE* (pp. 301-308). Piscataway, NJ: IEEE.

[29] Tjandra, A., Sakti, S., & Nakamura, S. (2018). Machine speech chain with one-shot speaker adaptation. *Proceedings of the Interspeech 2018* (pp. 887–891).

[30] Wang, Y., Skerry-Ryan, R. J., Stanton, D., Wu, Y., Weiss, R. J., Jaitly, N., et al. (2017). Tacotron: Towards end-to-end speech synthesis. Preprint. arXiv:1703.10135.

[31] Wang, Y., Stanton, D., Zhang, Y., Skerry-Ryan, R. J., Battenberg, E., Shor, J., et al. (2018). Style tokens: Unsupervised style modeling, control and transfer in end-to-end speech synthesis. In *Proceedings of the 35th International Conference on Machine Learning, ICML 2018, Stockholmsmässan, Stockholm, Sweden, July 10–15, 2018* (pp. 5167–5176).

[32] Wind, J. (1989). The evolutionary history of the human speech organs. *Studies in Language Origins, 1*, 173–197.

[33] Xiong, W., Droppo, J., Huang, X., Seide, F., Seltzer, M., Stolcke, A., et al. (2016). Achieving human parity in conversational speech recognition. Preprint. arXiv:1610.05256.

[34] Xu, J., Tan, X., Ren, Y., Qin, T., Li, J., Zhao, S., et al. (2020). LRSpeech: Extremely low-resource speech synthesis and recognition. In *Proceedings of the 26th ACM SIGKDD International Conference on Knowledge Discovery and Data Mining*.

[35] Yang, X., Li, J., & Zhou, X. (2018). A novel pyramidal-FSMN architecture with lattice-free MMI for speech recognition. Preprint. arXiv:1810.11352.

[36] Yeh, C.-K., Chen, J., Yu, C., & Yu, D. (2019). Unsupervised speech recognition via segmental empirical output distribution matching. In *ICLR*.

[37] Zhang, S., Lei, M., Yan, Z., & Dai, L. (2018). Deep-FSMN for large vocabulary continuous speech recognition. Preprint. arXiv:1803.05030.

[38] Zhang, Z., & Yang, J. (2018). Dual learning based multi-objective pairwise ranking. In *2018 International Joint Conference on Neural Networks (IJCNN)* (pp. 1–7). Piscataway, NJ: IEEE.

[39] Zhou, F., Liu, L., Zhang, K., Trajcevski, G., Wu, J., & Zhong, T. (2018). Deeplink: A deep learning approach for user identity linkage. In *IEEE INFOCOM 2018-IEEE Conference on Computer Communications* (pp. 1313–1321). Piscataway, NJ: IEEE.

[40] Zhou, S., Xu, S., & Xu, B. (2018). Multilingual end-to-end speech recognition with a single transformer on low-resource languages. Preprint. arXiv:1806.05059.

03

第三部分

概率准则

结构对偶性也可以从概率角度解读。本部分将介绍基于不同的概率准则的对偶学习算法：

· 对偶有监督学习：该算法利用联合概率约束增强在有标数据上的学习；

· 对偶推断：该算法在测试阶段利用条件概率约束；

· 对偶半监督学习：该算法利用边缘概率约束在无标数据上进行学习。

第 7 章

对偶有监督学习

本章介绍**对偶有监督学习**（Dual Supervised Learning, DSL），它利用监督学习中的结构对偶性来增强在有标数据上的学习。我们首先描述**联合概率准则**，然后介绍对偶有监督学习算法，最后介绍一些应用场景。

7.1 联合概率准则

在前面几章中，我们展示了如何利用结构对偶性来基于对偶重构准则从无标数据中学习。结构对偶性比对偶重构准则包含的更多。这里，我们考虑有监督学习的场景，即结构对偶性如何增强对有标数据的学习。

我们首先定义一些符号。原始任务从空间 $\mathcal{X}$ 中获取样本作为输入并将其映射到空间 $\mathcal{Y}$，而对偶任务从空间 $\mathcal{Y}$ 中获取样本作为输入并将其映射到空间 $\mathcal{X}$。用概率语言来表述就是，原始任务学习由 $\boldsymbol{\theta}_{XY}$ 参数化的条件分布 $P(y|x; \boldsymbol{\theta}_{XY})$，对偶任务学习由 $\boldsymbol{\theta}_{YX}$ 参数化的条件分布 $P(x|y; \boldsymbol{\theta}_{YX})$，其中 $x \in \mathcal{X}$ 且 $y \in \mathcal{Y}$。

对于任意 $x \in \mathcal{X}, y \in \mathcal{Y}$，联合概率 $P(x, y)$ 可以用两种等价的方式计算：$P(x, y) = P(x)P(y|x) = P(y)P(x|y)$。如果 $\boldsymbol{\theta}_{XY}$ 和 $\boldsymbol{\theta}_{YX}$ 两个模型都是完美的，则它们的参数化条件分布应满足以下等式：

$$P(x)P(y|x;\boldsymbol{\theta}_{XY}) = P(y)P(x|y;\boldsymbol{\theta}_{YX}) \quad \forall x \in \mathcal{X}, y \in \mathcal{Y}. \tag{7.1}$$

这个方程从概率的角度定义了原始模型 $\boldsymbol{\theta}_{XY}$ 和对偶模型 $\boldsymbol{\theta}_{YX}$ 之间的关系，我们称之为**联合概率准则**。

然而，如果两个模型（条件分布）通过最小化各自的损失函数来分别训练（如一般的机器学习），则不能保证上述等式成立。对偶有监督学习的基本思想是，在公式 (7.1) 的约束下通过最小化模型的损失函数，来联合训练两个模型 $\boldsymbol{\theta}_{XY}$ 和 $\boldsymbol{\theta}_{YX}$。这样一来，$\boldsymbol{\theta}_{YX}$ 和 $\boldsymbol{\theta}_{XY}$ 之间的内在概率联系被明确地加强，从而将学习过程推向正确的方向。

7.2　对偶有监督学习算法

本节讨论对偶有监督学习的问题，描述 DSL 的算法 [33]，并探讨它与现有学习方案的联系及其应用范围。

令 $\mathcal{D}$ 表示一组训练数据对 (x, y)，其中 $x \in \mathcal{X}$，$y \in \mathcal{Y}$。令 $\boldsymbol{\theta}_{XY}$ 表示原始模型从 $\mathcal{X}$ 到 $\mathcal{Y}$ 的映射的参数，而 $\boldsymbol{\theta}_{YX}$ 表示对偶模型从 $\mathcal{Y}$ 到 $\mathcal{X}$ 的映射的参数。在传统的有监督学习中，通过最小化训练数据的经验风险（例如深度学习中的负对数似然值）来训练这两个模型：

$$\min_{\boldsymbol{\theta}_{XY}} -\frac{1}{|\mathcal{D}|} \sum_{(x,y) \in \mathcal{D}} \log P(y|x; \boldsymbol{\theta}_{XY})$$

$$\min_{\boldsymbol{\theta}_{YX}} -\frac{1}{|\mathcal{D}|} \sum_{(x,y) \in \mathcal{D}} \log P(x|y; \boldsymbol{\theta}_{YX})$$

相应地，我们为原始任务和对偶任务引入了以下预测函数：

$$f(x; \boldsymbol{\theta}_{XY}) \triangleq \arg\max_{y' \in \mathcal{Y}} P(y'|x; \boldsymbol{\theta}_{XY})$$

$$g(y; \boldsymbol{\theta}_{YX}) \triangleq \arg\max_{x' \in \mathcal{X}} P(x'|y; \boldsymbol{\theta}_{YX})$$

显然，两个完美模型的参数 $\boldsymbol{\theta}_{XY}$ 和 $\boldsymbol{\theta}_{YX}$ 应该满足公式 (7.1) 中联合概率准则描述的约束。遗憾的是，在传统的有监督学习中，原始模型和对偶模型是分开训练的，训练时没有考虑联合概率的约束。因此，不能保证学习到的模型能够满足上述的约束。

为了解决这个问题，对偶有监督学习 [33] 可以联合训练两个模型，并明确地强化所有训练数据对 (x, y) 的联合概率约束，从而得到如下多目标优化问题：

$$\min_{\boldsymbol{\theta}_{XY}} \frac{1}{|\mathcal{D}|} \sum_{(x,y)\in\mathcal{D}} \ell_1(f(x;\boldsymbol{\theta}_{XY}),y)$$

$$\min_{\boldsymbol{\theta}_{YX}} \frac{1}{|\mathcal{D}|} \sum_{(x,y)\in\mathcal{D}} \ell_2(g(y;\boldsymbol{\theta}_{YX}),x) \tag{7.2}$$

$$P(x)P(y|x;\boldsymbol{\theta}_{XY}) = P(y)P(x|y;\boldsymbol{\theta}_{YX}), \forall (x,y)\in\mathcal{D}$$

其中 $P(x)$ 和 $P(y)$ 是边缘分布，$\ell_1()$ 和 $\ell_2()$ 分别表示原始任务和对偶任务的损失函数。在实际应用中，真实的边缘分布 $P(x)$ 和 $P(y)$ 通常不可用。作为替代方案，可以采用经验边缘分布 $\hat{P}(x)$ 和 $\hat{P}(y)$ 来满足公式 (7.2) 中的约束。

为了解决上述优化问题，遵循约束优化中的普遍做法，Xia 等人 [33] 引入拉格朗日乘子并将联合概率的等式约束转化为第三个目标，另外两个目标见公式 (7.2)。首先，将联合概率约束转换为以下正则化项：

$$\ell_{\mathrm{dsl}} = (\log\hat{P}(x) + \log P(y|x;\boldsymbol{\theta}_{XY}) - \log\hat{P}(y) - \log P(x|y;\boldsymbol{\theta}_{YX}))^2 \tag{7.3}$$

然后，通过最小化原始损失函数和上述正则化项之间的加权组合来训练两个任务的模型。该算法详见算法 6。

算法 6 对偶有监督学习算法

要求： 边缘分布 $\hat{P}(x)$ 和 $\hat{P}(y)$，拉格朗日参数 λ_{XY} 和 λ_{YX}，优化器 Opt_1 和 Opt_2

    repeat

        采样 m 对数据 $\{(x_j,y_j)\}_{j=1}^m$，得到一批数据

        计算如下梯度：

$$G_f = \nabla_{\boldsymbol{\theta}_{XY}}(1/m)\sum_{j=1}^m \left[\ell_1(f(x_j;\boldsymbol{\theta}_{XY}),y_j) + \lambda_{XY}\ell_{\mathrm{dsl}}(x_j,y_j;\boldsymbol{\theta}_{XY},\boldsymbol{\theta}_{YX})\right]$$

$$G_g = \nabla_{\boldsymbol{\theta}_{YX}}(1/m)\sum_{j=1}^m \left[\ell_2(g(y_j;\boldsymbol{\theta}_{YX}),x_j) + \lambda_{YX}\ell_{\mathrm{dsl}}(x_j,y_j;\boldsymbol{\theta}_{XY},\boldsymbol{\theta}_{YX})\right]$$

        更新 f 和 g 的参数：

$$\boldsymbol{\theta}_{XY} \leftarrow \mathrm{Opt}_1(\boldsymbol{\theta}_{XY},G_f), \boldsymbol{\theta}_{YX} \leftarrow \mathrm{Opt}_2(\boldsymbol{\theta}_{YX},G_g)$$

    until 模型收敛

在该算法中，优化器 Opt_1 和 Opt_2 的选择相当灵活。对于不同的任务，可以选择不同的优化器，例如 Adadelta [37]、Adam [16] 或 SGD，具体取决于特定任务中的惯例

和个人经验。

虽然 ℓ_{dsl} 可以看作正则化项，但它依赖数据，这也使得 DSL 不同于 Lasso [30] 或 SVM [6]，它们的正则化项不依赖数据。更准确地说，在 DSL 中，正则化项取决于模型参数（$\boldsymbol{\theta}_{XY}$ 和 $\boldsymbol{\theta}_{YX}$）和训练数据对 $(x, y) \in \mathcal{D}$，而 Lasso 或 SVM 中正则化项只取决于模型参数。此外，由于 DSL 进行联合训练，因此原始模型和对偶模型在训练过程中相互起到正则化作用。

我们要指出，将 DSL 应用到某个场景有几个要求：

- 两个任务应该存在结构对偶性。
- 原始模型和对偶模型都应该是可训练的。
- 公式 (7.3) 中的 $\hat{P}(X)$ 和 $\hat{P}(Y)$ 应该已知。

如果不满足这些条件，DSL 可能不会取得很好的效果。幸运的是，许多与图像、语音和文本相关的机器学习任务都满足这些条件。

7.3 应用

对偶有监督学习已在许多应用中得到了研究。本节选择性地介绍几个有代表性的应用。粗略地说，要应用上述 DSL 算法，需要指定经验边缘分布 $\hat{P}(X)$ 和 $\hat{P}(Y)$、原始模型和对偶模型的函数类型（如神经网络结构），以及详细的训练过程。

7.3.1 神经机器翻译

Xia 等人 [33] 将 DSL 应用于神经机器翻译，并基于联合概率准则研究其是否可以提高翻译质量。他们在三对对偶任务上进行实验⊖，三对对偶任务分别为英语 ↔ 法语 (En↔Fr)、英语 ↔ 德语 (En↔De) 和英语 ↔ 汉语 (En↔Zh)。

- **边缘分布 $\hat{P}(x)$ 和 $\hat{P}(y)$** 用基于 LSTM 的语言建模方法 [21,29] 表征句子 x 的经验边缘分布，定义为 $\prod_{i=1}^{T_x} P(x_i | x_{<i})$，其中 x_i 是 x 的第 i 词、T_x 表示 x 中的词数，下标 $<i$ 表示集合 $\{1, 2, \cdots, i-1\}$。
- **模型** 与文献 [3,15] 相同，基于 GRU 的编码器–解码器架构来实现翻译模型可用。英语 ↔ 法语、英语 ↔ 德语和英语 ↔ 汉语的源语言和目标语言的词汇表大

⊖ 注意，语言对中的两个翻译任务是对称的。它们在对偶有监督学习中扮演着同样的角色。因此，两个任务中的任何一个都可以被视为原始任务，而另一个则被视为对偶任务。

小分别设置为 30000、50000 和 30000。词汇表外的词用一个特殊的标记 UNK 替换。当然，由于神经机器翻译取得了巨大的成功，文献 [33] 中使用的模型设置肯定可以改进。例如，可以使用 Transformer [31] 来替换基于 GRU 的模型，并使用 BPE [26] 这样的子词单元来更好地处理词汇表外的单词。

- **训练过程** DSL 中的两个模型（θ_{XY} 和 θ_{YX}）使用两个预训练模型进行初始化，其生成过程与文献 [15] 相同。然后，用 SGD 算法训练模型。算法 6 中 λ_{XY} 和 λ_{YX} 的值均根据验证集上的经验表现设置为 0.01。请注意，在优化过程中，基于 LSTM 的语言模型是固定的。

- **结果** 将 DSL 应用于机器翻译的实验结果 [33] 表明 DSL 可以显著提升准确率：英语 $\leftrightarrow$ 法语的 BLEU 分数提升 $+2.07/0.86^\ominus$，英语 $\leftrightarrow$ 德语的 BLEU 分数提升 $+1.37/0.12$，英语 $\leftrightarrow$ 汉语的 BLEU 分数提升 $+0.74/1.69$。

7.3.2 图像分类和生成

在图像处理领域，图像分类（从图像到类别标签的映射）和条件图像生成$^\ominus$（根据给定的类别标签生成图像）具有对偶形式。Xia 等人 [33] 将对偶有监督学习框架应用于这两个任务，其中图像分类被视为原始任务，条件图像生成被视为对偶任务。他们在具有 10 类图像的公共数据集 CIFAR-10 [17] 上进行实验。

- **边缘分布** 用均匀分布表示 10 类标签的边缘分布 $\hat{P}(y)$，即每类的边缘概率为 0.1。图像的边缘分布 $\hat{P}(x)$ 定义为 $\prod_{i=1}^{m} P\{x_i|x_{<i}\}$，其中图像的所有像素都被序列化，并用 x_i 表示有 m 个像素的图像的第 i 个像素的值。请注意，该模型只能根据 $j < i$ 的像素 x_j 来预测 x_i。采用 PixelCNN++ 对图像边缘分布进行建模。

- **模型** 使用比较流行的 ResNet 实现图像分类任务。特别地，分别以 32 层 ResNet（表示为 ResNet-32）和 110 层 ResNet（表示为 ResNet-110）作为两个基线，检查 DSL 在相对简单及相对复杂模型上的能力。对于图像生成任务，再次采用了 PixelCNN++。与用于边缘分布建模的 PixelCNN++ 相比，不同

$\ominus$ 这里的 $+2.07/0.86$ 表示在英语 → 法语的翻译任务上 BLEU 分数上涨了 2.07，在法语 → 英语的翻译任务上 BLEU 分数上涨了 0.86。后面的 $+1.37/0.12$、$+0.74/1.69$ 类似。——译者注

$\ominus$ 注意，条件图像生成的任务与 5.4 节中介绍的条件图像翻译的任务不同。前者以类别标签为输入并生成图像，而后者以来自两个域的两幅图像（一幅主输入图像和一幅条件输入图像）作为输入并生成图像。

之处在于训练过程：当 PixelCNN++ 被用于条件图像生成时，它将类别标签作为附加输入，即它试图表征 $\prod_{i=1}^{m} P\{x_i|x_{<i}, \boldsymbol{y}\}$，其中 $\boldsymbol{y}$ 是独热向量。

- **训练过程** 原始模型和对偶模型首先使用独立且分开预训练的 ResNet 模型和 PixelCNN++ 模型进行初始化。最终得到两个图像分类的预训练模型，其中一个是错误率为 7.65% 的 32 层 ResNet ，另一个是错误率为 6.54% 的 110 层 ResNet 。这两个预训练模型的错误率与之前报告的结果相当 [14]。同时还得到一个预训练的条件图像生成模型，它的测试 bpd$^{\ominus}$ 为 2.94，与文献 [25] 中报告的相同。超参数设置为 $\lambda_{XY} = (30/3072)^2$ 和 $\lambda_{YX} = (1.2/3072)^2$。

- **结果** 如文献 [33] 所示，对于图像分类，DSL 显著提高了分类精度，将 ResNet-32 的错误率从 7.51% 降低到 6.82%，将 ResNet-110 的错误率从 6.43% 降低到 5.40%；对于条件图像生成，基于 ResNet-110，DSL 将测试 bpd 从 2.94 减少到 2.93，这在当时是 CIFAR-10 上的新记录。

7.3.3 情感分析

Xia 等人 [33] 将对偶有监督学习算法应用于情感分析领域。在这个领域中，原始任务即情感分类 [9,19]，需要预测给定语句或段落的情感标签。它的对偶任务是基于情感标签生成语句，这个任务虽然不是很明显但确实存在。令 $\mathcal{X}$ 表示语句集，$\mathcal{Y}$ 表示情绪标签（例如正面和负面）集。

- **边缘分布** 用均匀分布表示情感标签的边缘分布 $\hat{P}(y)$，即正面或负面的边缘概率为 0.5。用基于 LSTM 的语言模型对语句 x 的边缘分布 $\hat{P}(x)$ 进行建模。

- **模型** 使用两层 LSTM [9] 作为情感分类模型。而语句生成模型是基于另一个 LSTM 的模型，语句是逐词顺序生成的。

- **训练过程** 用 AdaDelta 训练两个基线 LSTM 模型，一个用于情感分类，另一个用于语句生成。然后使用训练好的基线模型初始化两个新的模型，用纯 SGD 作为优化器进行 DSL 训练。对于每个 (x, y) 数据对，超参数设置为 $\lambda_{xy} = (5/l_x)^2$，$\lambda_{xy} = (0.5/l_x)^2$，其中 l_x 是 x 的长度。

$\ominus$ **每个维度的位数**（bits per dimension, bpd ） [25] 用于评估图像生成的性能。特别地，对于标签为 y 的图像 x，bpd 定义为：

$$-\left(\sum_{i=1}^{N_x} \log P(x_i|x_{<i}, \boldsymbol{y})\right)/\left(N_x \log(2)\right) \tag{7.4}$$

其中 N_x 是图像 x 中的像素数。对于数据集 CIFAR-10 中的图像，N_x 为 3072。

- **结果**　在 IMDB 电影评论数据集[⊖]上做实验，其中包括 25000 的训练语句和 25000 的测试语句。此数据集中的每个语句都与正面或负面情感标签相关联。从训练数据中随机抽取 3750 条语句的子集作为超参数调整的验证集，其余训练数据用于模型训练。结果表明，DSL 将语句分类任务的错误率从 10.10% 降低到 9.20%，将语句生成的测试困惑度从 59.19 降低到 58.78。

7.3.4　问题回答和问题生成

问题回答（Question Answering, QA）和问题生成（Question Generation, QG）是自然语言处理中的两个基本任务 [20]，在搜索引擎和对话系统中发挥着重要作用。Sun 等人 [28] 对 QA 和 QG 应用了对偶有监督学习。

自然语言处理中有不同类型的 QA 任务。QA 的一种重要格式是回复选择（answer sentence selection）[34]，它需要一个问题 q 和一个候选回复列表 $A = \{a_1, a_2, \cdots, a_{|A|}\}$ 作为输入，从候选列表中输出一个最有可能成为答案的回复 a_i。这个 QA 任务是一个典型的排序任务。令 $f(a, q; \boldsymbol{\theta}_{\mathrm{QA}})$ 表示由 $\boldsymbol{\theta}_{\mathrm{QA}}$ 参数表示的 QA 模型，其输出是问题 q 和候选回复 a 之间的实值匹配分数。

给定一个句子 a 作为输入，QG 任务旨在生成一个可以由 a 回答的问题 q。由于 a 和 q 都是句子，QG 任务是一个标准的序列到序列学习任务。令 $P(q|a; \boldsymbol{\theta}_{\mathrm{AQ}})$ 表示由 $\boldsymbol{\theta}_{\mathrm{AQ}}$ 参数表示的 QG 模型，其输出是根据输入答案 a 生成自然语言问题 q 的概率。

由于 QA 任务实际上是一个排序任务，为了考虑排序，使用 QA 模型 $f(; \boldsymbol{\theta}_{\mathrm{QA}})$ 和一组随机抽样的候选回复（作为问题 q 的错误回复）以一种对比学习方式定义 $P(a|q; \boldsymbol{\theta}_{\mathrm{QA}})$：

$$P(a|q; \boldsymbol{\theta}_{\mathrm{QA}}) = \frac{\exp(f(a, q; \boldsymbol{\theta}_{\mathrm{QA}}))}{\exp(f(a, q; \boldsymbol{\theta}_{\mathrm{QA}})) + \sum_{a' \in A'} \exp(f(a', q; \boldsymbol{\theta}_{\mathrm{QA}}))} \tag{7.5}$$

那么 QA 的特定目标函数是负对数似然函数：

$$\ell_1(q, a) = -\log P(a|q; \boldsymbol{\theta}_{\mathrm{QA}}) \tag{7.6}$$

其中 a 是 q 的正确回复。

同样，QG 的特定目标函数是：

$$\ell_2(q, a) = -\log P(q|a; \boldsymbol{\theta}_{\mathrm{AQ}}) \tag{7.7}$$

⊖　见 http://ai.stanford.edu/ amaas/data/sentiment/aclImdb_v1.tar.gz。

其中 a 是 q 的正确回复。由于标准的序列到序列模型会输出一对输入和输出序列的概率，为了避免冗余，我们在这里省略 QG 模型的细节。感兴趣的读者可以参阅文献 [28]。

第三个目标函数是一个正则化项，它是从联合概率准则派生出来的（参见公式 (7.1)）。具体来说，给定一个正确的 (q, a) 对，我们需要最小化以下损失函数：

$$\ell_{\mathrm{dsl}}(q, a; \boldsymbol{\theta}_{\mathrm{QA}}, \boldsymbol{\theta}_{\mathrm{AQ}}) = [\log P(a) + \log P(q|a; \boldsymbol{\theta}_{\mathrm{AQ}}) - \log P(q) - \log P(a|q; \boldsymbol{\theta}_{\mathrm{QA}})]^2 \quad (7.8)$$

其中 $P(a)$ 和 $P(q)$ 为边缘分布，可以通过与 7.3.3 节中情感分析的类似的语言模型得到。

然后可以用算法 6 通过最小化公式 (7.6) ～ 公式 (7.8)中的三个目标函数来联合训练原始模型和对偶模型。

在 MARCO [4]、SQUAD [24] 和 WikiQA [34] 三个数据集上的实验表明，DSL 可以显著改善问题回答和问题生成模型。

在开放域对话系统中，生成方法会受到安全响应和非自然响应的影响。为了解决这两个问题，Cui 等人 [8] 提出了对偶对抗学习（Dual Adversarial Learning, DAL）框架来生成高质量的响应。DAL 利用查询生成任务和响应生成任务之间的对偶性，利用有监督方法对这两个任务进行联合训练，以避免安全响应，增加生成响应的多样性。此外，它使用对抗学习来模仿人类，并引导系统产生自然的响应。

He 等人 [13] 考虑视觉问题回答任务和视觉问题生成任务的模型之间的概率联系，并在联合概率约束下联合训练这两个模型。

7.3.5　代码摘要和代码生成

代码摘要（code summarization）旨在用自然语言生成人类可读的摘要，描述一段代码的功能。高质量的摘要对代码检索和代码文档等都很有用，但手动标注代码的成本很高，尤其是对于现有代码。自动代码摘要的需求很大，并且已经有多个基于深度神经网络的模型/算法被设计出来 [1,2,10]。

代码生成（code generation）是代码摘要的逆向任务，旨在自动生成一些编程语言（如 Python）的源代码，实现自然语言所描述的功能。它不仅可以减少程序员的工作量，从而提高他们的生产力，而且可以让非专业程序员实现他们的想法并发挥创造力。代码生成在自然语言处理社区和机器学习社区都有研究 [12,18,36]。

虽然代码摘要和代码生成具有天然的对偶形式，但在以前的大部分研究中都是分开研究的，直到最近才在对偶学习的框架下共同研究 [32,35]。

1. 用注意力对偶性增强

Wei 等人 [32] 将代码生成和代码摘要作为两个序列到序列问题，并遵循公式 (7.2) 中对偶有监督学习的基本思想。也就是说，除了最大化训练集中代码–摘要对的似然函数外，他们还添加了联合概率方程的对偶约束，如公式 (7.1)所示。此外，他们观察到原始模型和对偶模型的注意力也应该是对称的，并建议通过注意力对偶正则化来增强对偶有监督学习。

直观上，在原始任务代码生成中，如果代码序列 x 中的 x_i 对应相应文本摘要 y 中的 y_j，那么在对偶任务代码摘要中，文本 y 中的 y_j 应该对应相应代码 x 中的 x_i。换句话说，原始模型和对偶模型中的注意力应该是对称的，文献 [32] 称之为注意力对偶性。

考虑源代码序列 x 及其文本摘要 y。假设 x 中有 m 个词，y 中有 n 个词。令 $\boldsymbol{A}$ 表示从原始代码生成模型中提取的注意力矩阵，其中 $A_{i,j}$ 是从 x_i 到 y_j 的注意力权重。令 $\boldsymbol{A}'$ 表示从对偶代码摘要模型中提取的注意力矩阵，其中 $A'_{i,j}$ 是从 y_i 到 x_j 的注意力权重。令 b_i 表示原始代码生成模型中 x_i 关于 y 中的所有文本单词的注意力分布。我们有

$$b_i = \mathrm{softmax}(A_{i,:})$$

其中 $A_{i,:}$ 是注意力矩阵 A 的第 i 行。同样

$$b'_i = \mathrm{softmax}(A'_{:,i})$$

其中 $A'_{:,i}$ 是注意力矩阵 $\boldsymbol{A}'$ 的第 i 列。

如果这两个模型都是完美的，则 $b_i = b'_i$。显然，没有明确的约束，很难保证 $b_i = b'_i$。因此，Wei 等人引入 Jensen-Shannon 散度 [11]（两个概率分布之间相似度的对称度量）来惩罚两个注意力矩阵之间的不一致性：

$$l^{\mathrm{cg}}_{\mathrm{att}}(x,y) = \frac{1}{2m} \sum_{i=1}^{m} \left[D_{\mathrm{KL}}(b_i \| \frac{b_i + b'_i}{2}) + D_{\mathrm{KL}}(b'_i \| \frac{b_i + b'_i}{2}) \right] \tag{7.9}$$

其中 D_{KL} 是 Kullback-Leibler 散度，定义为：

$$D_{\mathrm{KL}}(p \| q) = \sum_x p(x) \log \frac{p(x)}{q(x)}$$

衡量概率分布 p 与概率分布 q 的差异。

上面的注意力损失 $l_{\text{att}}^{\text{cg}}$ 是站在源代码的角度定义的。我们也可以从文本摘要的角度定义注意力损失 $l_{\text{att}}^{\text{cs}}$：

$$l_{\text{att}}^{\text{cs}}(x,y) = \frac{1}{2n} \sum_{i=1}^{n} \left[D_{\text{KL}}\left(c_i \Big\| \frac{c_i + c_i^{'}}{2}\right) + D_{\text{KL}}\left(c_i^{'} \Big\| \frac{c_i + c_i^{'}}{2}\right) \right] \tag{7.10}$$

其中

$$c_i = \text{softmax}(A_{i,:}')$$

$$c_i' = \text{softmax}(A_{:,i})$$

代码–摘要对 (x,y) 的总损失为

$$\begin{aligned}
l(x,y) = &-\log P(y|x;\boldsymbol{\theta}_{XY}) - \log P(x|y;\boldsymbol{\theta}_{YX}) - \\
&\lambda_1 \left(\log \hat{P}(x) + \log P(y|x;\boldsymbol{\theta}_{XY}) - \log \hat{P}(y) - \log P(x|y;\boldsymbol{\theta}_{YX}) \right)^2 + \\
&\lambda_2 \left(l_{\text{att}}^{\text{cg}}(x,y) + l_{\text{att}}^{\text{cs}}(x,y) \right)
\end{aligned}$$

其中第一行是常规的有监督损失，第二行是从概率对偶导出的正则化项，第三行是从注意力对偶导出的注意力损失，λ_1 和 λ_2 是超参数。

文献 [32] 中的实验表明，联合概率准则和注意力对偶性都会使代码生成和代码摘要的准确率提高，它们的结合也会进一步改进结果。

2. 代码检索、摘要和生成

代码检索旨在通过特定自然语言查询从一组候选代码中找到相关的源代码。Ye 等人 [35] 关注代码检索和摘要，并通过引入代码生成任务，利用对偶学习和多任务学习挖掘这些任务之间的内在联系，为代码检索和代码摘要设计一个端到端模型。设计的模型被称为 CO3，因为涉及 3 个代码相关的任务。

图 7.1 展示了 CO3 模型的总体架构。可以看出，CO3 中有几个关键组件：代码编码器、代码解码器、查询编码器、查询解码器和相似度评分器。

- 代码编码器将代码序列作为输入并输出该代码序列的一组语义表示。
- 代码解码器将一组语义表示作为输入并输出代码序列。
- 查询编码器将查询/文本序列作为输入并输出查询/文本序列的一组语义表示。
- 查询解码器将一组语义表示作为输入并输出查询/文本序列。
- 相似度评分器将两组语义表示作为输入，并输出它们的相似度分数。

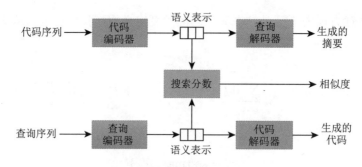

图 7.1 CO3 模型的关键组件

在 CO3 中，代码编码器和解码器共享参数，查询编码器和解码器也共享参数。CO3 有以下 3 个任务：

- 查询解码器之前的代码编码器将代码序列转换为代码摘要，起代码摘要模型的作用。

- 代码解码器之前的查询编码器将查询/文本序列转换为代码序列，起代码生成模型的作用。

- 代码编码器和查询编码器与相似度评分器一起计算代码序列和查询序列之间的相似度，起代码检索模型的作用。

与前面的对偶有监督学习类似，Ye 等人考虑代码摘要和代码生成之间的对偶性，利用代码摘要模型和代码生成模型之间的联合概率准则对 CO3 的训练进行正则化处理。

令 $\mathcal{D}$ 表示代码–摘要对的训练集，$\boldsymbol{\theta}_{\mathrm{cs}}$ 表示代码摘要模型的参数，$\boldsymbol{\theta}_{\mathrm{cg}}$ 表示代码生成模型的参数，$\boldsymbol{\theta}_{\mathrm{cr}}$ 表示代码检索模型的参数。请注意，由于参数共享，$\boldsymbol{\theta}_{\mathrm{cs}}$、$\boldsymbol{\theta}_{\mathrm{cg}}$ 和 $\boldsymbol{\theta}_{\mathrm{cr}}$ 之间存在重叠参数。

CO3 采用多任务学习，考虑多个目标，包括：（1）代码摘要的数据似然函数；（2）代码生成的数据似然函数；（3）联合概率准则推导出的正则化项；（4）代码检索目标函数。前三个目标函数已经在前面的章节中讨论过。这里，我们介绍最后一个，即代码检索目标函数。

令 $f(x, y; \boldsymbol{\theta}_{\mathrm{cr}})$ 表示具有参数 $\boldsymbol{\theta}_{\mathrm{cr}}$ 的代码检索模型，该模型输出代码–查询对 (x, y) 的相似度分数。Ye 等人使用基于边缘分布的排序损失函数来定义代码检索的训练目标函数。考虑真实的代码–查询对 (x, y) 和另一个代码–查询对 $(x^{\mathrm{rn}}, y^{\mathrm{rn}})$，其中 x^{rn} 和 y^{rn} 都是通过随机采样产生的。显然，我们应该有：

$$f(x, y; \boldsymbol{\theta}_{\mathrm{cr}}) > f(x^{\mathrm{rn}}, y^{\mathrm{rn}}; \boldsymbol{\theta}_{\mathrm{cr}})$$

基于这种直觉，Ye 等人将损失定义为

$$l_{\mathrm{cr}}(x, y, x^{\mathrm{rn}}, y^{\mathrm{rn}}; \boldsymbol{\theta}_{\mathrm{cr}}) = \max\left(f(x^{\mathrm{rn}}, y^{\mathrm{rn}}; \boldsymbol{\theta}_{\mathrm{cr}}) + m_{\mathrm{cr}} - f(x, y; \boldsymbol{\theta}_{\mathrm{cr}}), 0\right)$$

这意味着正确的代码–查询对的相似度分数应该高于随机对的相似度分数，差距至少为 m_{cr}。

现将 CO3 的总体训练目标函数总结如下：

$$\min -\frac{1}{|\mathcal{D}|} \sum_{(x,y)\in\mathcal{D}} \log P(y|x; \boldsymbol{\theta}_{\mathrm{cs}})$$

$$\min -\frac{1}{|\mathcal{D}|} \sum_{(x,y)\in\mathcal{D}} \log P(x|y; \boldsymbol{\theta}_{\mathrm{cg}})$$

$$\min -\frac{1}{|\mathcal{D}|} \sum_{(x,y)\in\mathcal{D}} l_{\mathrm{cr}}(x, y, x^{\mathrm{rn}}, y^{\mathrm{rn}}; \boldsymbol{\theta}_{\mathrm{cr}})$$

$$P(x)P(y|x, \boldsymbol{\theta}_{\mathrm{cs}}) = P(y)(P(x|y, \boldsymbol{\theta}_{\mathrm{cg}})$$

在 SQL 和 Python 数据集上的实验表明，CO3 显著改善了先进的代码检索模型，而不会影响代码摘要的性能。

7.3.6 自然语言理解和生成

自然语言理解（Natural Language Understanding, NLU）和自然语言生成（Natural Language Generation, NLG）是构建面向任务的对话系统的两项基本任务，前者从给定的语句中提取核心语义，后者根据给定的语义构建相应的语句。如图 7.2 所示，这两个任务具有对偶形式。不幸的是，它们在有监督环境下的对偶关系在文献中没有得到很好的研究。Su 等人 [27] 在对偶有监督学习的基础上研究了对偶性⊖。

Su 等人使用语言模型对语句的经验边缘分布进行建模，并使用掩码自编码器对离散语义框架的经验边缘分布进行建模。在 E2E NLG 挑战数据集 [23] 上的实验证明了对偶有监督学习对自然语言理解和生成的有效性，该数据集是一个餐馆领域 5 万个实例的众包数据集。

⊖ 一项研究 [7] 在半监督环境中研究了自然语言理解和生成的对偶学习，如 4.6.1 节中所述。

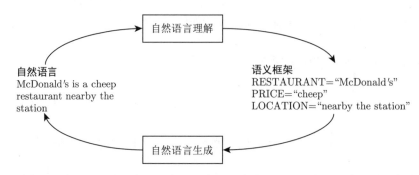

图 7.2 自然语言理解（从语句到语义）和自然语言生成（从语义到语句）的对偶有监督
学习

7.4 理论分析

鉴于在许多应用中都观察到了对偶有监督学习的成功，我们自然会问是否有一些理论证据可以解释其成功。这里，我们对对偶有监督学习[33] 进行了一些理论分析。

对偶学习的最终目标是对未见过的测试数据做出正确的预测。也就是说，我们希望最大限度地降低原始模型和对偶模型的预期风险，其定义如下[⊖]：

$$R(f,g) = \mathbb{E}\left[\frac{\ell_1(f(x),y) + \ell_2(g(y),x)}{2}\right], \forall f \in \mathcal{F}, g \in \mathcal{G}$$

其中 $\mathcal{F} = \{f(x;\boldsymbol{\theta}_{XY}); \boldsymbol{\theta}_{XY} \in \Theta_{XY}\}$，$\mathcal{G} = \{g(x;\boldsymbol{\theta}_{YX}); \boldsymbol{\theta}_{YX} \in \Theta_{YX}\}$，$\Theta_{XY}$ 和 Θ_{YX} 是参数空间，而 $\mathbb{E}$ 代替了基础分布 P。此外，令 $\mathcal{H}_{\mathrm{dsl}}$ 表示满足公式 (7.1)中的联合概率约束的两个模型的乘积空间。

定义 n 个训练数据对的经验风险如下：

$$R_n(f,g) = \frac{1}{n}\sum_{i=1}^{n} \frac{\ell_1(f(x_i),y_i) + \ell_2(g(y_i),x_i)}{2}$$

在文献 [5] 之后，我们介绍了用于对偶有监督学习的 Rademacher 复杂度，这是对假设的复杂度的一种度量。

定义 7.1 定义 DSL 的 Rademacher 复杂度 $\mathbb{R}_n^{\mathrm{dsl}}$：

$$\mathbb{R}_n^{\mathrm{dsl}} = \mathop{\mathbb{E}}_{z,\sigma}\left[\sup_{(f,g)\in\mathcal{H}_{\mathrm{dsl}}} \left|\frac{1}{n}\sum_{i=1}^{n}\sigma_i\big(\ell_1(f(x_i),y_i)+\ell_2(g(y_i),x_i)\big)\right|\right]$$

其中 $z = \{z_1, z_2, \cdots, z_n\} \sim P^n$，$z_i = (x_i, y_i)$，$x_i \in \mathcal{X}$，$y_i \in \mathcal{Y}$，$\sigma = \{\sigma_1, \cdots, \sigma_m\}$。$\sigma = \{\sigma_1, \cdots, \sigma_m\}$ 以 $P(\sigma_i = 1) = P(\sigma_i = -1) = 0.5$ 的概率独立同分布采样。

⊖ 为简单起见，当上下文清晰时，模型中的参数 $\boldsymbol{\theta}_{XY}$ 和 $\boldsymbol{\theta}_{YX}$ 将被忽略。

基于 $\mathbb{R}_n^{\mathrm{dsl}}$，我们对于对偶有监督学习有以下定理：

定理 7.2[22] 令 $\frac{1}{2}\ell_1(f(x),y) + \frac{1}{2}\ell_2(g(y),x)$ 为 $\mathcal{X} \times \mathcal{Y}$ 到 $[0,1]$ 的映射。那么，对任何 $\delta \in (0,1)$ 和任何 $(f,g) \in \mathcal{H}_{\mathrm{dsl}}$，以下不等式都以不小于 $1-\delta$ 的概率成立：

$$R(f,g) - R_n(f,g) \leqslant 2\mathbb{R}_n^{\mathrm{dsl}} + \sqrt{\frac{1}{2n}\ln(\frac{1}{\delta})}$$

类似地，在我们的框架下，将定义 7.1 中的 $\mathcal{H}_{\mathrm{dsl}}$ 换成 $\mathcal{F} \times \mathcal{G}$，就可以为标准有监督学习定义 Rademacher 复杂度。标准有监督学习的生成误差界，以至少 $1-\delta$ 的概率小于 $2\mathbb{R}_n^{\mathrm{sl}} + \sqrt{\frac{1}{2n}\ln(\frac{1}{\delta})}$

由于 $\mathcal{H}_{\mathrm{dsl}} \in \mathcal{F} \times \mathcal{G}$，根据 Rademacher 复杂度的定义，有 $\mathbb{R}_n^{\mathrm{dsl}} \leqslant \mathbb{R}_n^{\mathrm{sl}}$。因此，与标准有监督学习相比，DSL 的生成误差界更小。

参考文献

[1] Ahmad, W. U., Chakraborty, S., Ray, B., & Chang, K.-W. (2020). A transformer-based approach for source code summarization. Preprint. arXiv:2005.00653.

[2] Alon, U., Brody, S., Levy, O., & Yahav, E. (2018). code2seq: Generating sequences from structured representations of code. In *International Conference on Learning Representations*.

[3] Bahdanau, D., Cho, K., & Bengio, Y. (2015). Neural machine translation by jointly learning to align and translate. In *Third International Conference on Learning Representations, ICLR 2015*.

[4] Bajaj, P., Campos, D., Craswell, N., Deng, L., Gao, J., Liu, X., et al. (2016). MS MARCO: A human generated machine reading comprehension dataset. Preprint. arXiv:1611.09268.

[5] Bartlett, P. L., & Mendelson, S. (2002). Rademacher and Gaussian complexities: Risk bounds and structural results. *Journal of Machine Learning Research, 3*(Nov), 463-482.

[6] Burges, C. J. C. (1998). A tutorial on support vector machines for pattern recognition. *Data Mining and Knowledge Discovery, 2*(2), 121-167.

[7] Cao, R., Zhu, S., Liu, C., Li, J., & Yu, K. (2019). Semantic parsing with dual learning. In *Proceedings of the 57th Annual Meeting of the Association for Computational Linguistics* (pp. 51-64).

[8] Cui, S., Lian, R., Jiang, D., Song, Y., Bao, S., & Jiang, Y. (2019). Dal: Dual adversarial learning for dialogue generation. In *Proceedings of the Workshop on Methods for Optimizing and Evaluating Neural Language Generation* (pp. 11-20).

[9] Dai, A. M., & Le, Q. V. (2015). Semi-supervised sequence learning. In *Advances in Neural Information Processing Systems* (pp. 3079-3087).

[10] Fernandes, P., Allamanis, M., & Brockschmidt, M. (2018). Structured neural summarization. In *International Conference on Learning Representations*.

[11] Fuglede, B., & Topsoe, F. (2004). Jensen-Shannon divergence and Hilbert space embedding. In *Proceedings of the International Symposium on Information Theory, 2004. ISIT 2004* (p. 31). Piscataway, NJ: IEEE.

[12] Hayati, S. A., Olivier, R., Avvaru, P., Yin, P., Tomasic, A., & Neubig, G. (2018). Retrieval-based neural code generation. In *Proceedings of the 2018 Conference on Empirical Methods in Natural Language Processing* (pp. 925-930).

[13] He, S., Han, C., Han, G.,&Qin, J. (2020). Exploring duality in visual question-driven top-down saliency. *IEEE Transactions on Neural Networks and Learning Systems, 31*(7), 2672-2679.

[14] He, K., Zhang, X., Ren, S., & Sun, J. (2016). Deep residual learning for image recognition. In *Proceedings of the IEEE Conference on Computer Vision and Pattern Recognition* (pp. 770-778).

[15] Jean, S., Cho, K., Memisevic, R., & Bengio, Y. (2015). On using very large target vocabulary for neural machine translation. In *Proceedings of the 53rd Annual Meeting of the Association for Computational Linguistics and the 7th International Joint Conference on Natural Language Processing* (pp. 1-10).

[16] Kingma, D. P., & Ba, J. (2014). Adam: A method for stochastic optimization. Preprint. arXiv:1412.6980.

[17] Krizhevsky, A. (2009). Learning multiple layers of features from tiny images. Technique Report.

[18] Ling, W., Blunsom, P., Grefenstette, E., Hermann, K. M., Kočiskỳ, T., Wang, F., et al. (2016). Latent predictor networks for code generation. In *Proceedings of the 54th Annual Meeting of the Association for Computational Linguistics* (Vol. 1: Long Papers), pp. 599-609.

[19] Maas, A. L., Daly, R. E., Pham, P. T., Huang, D., Ng, A. Y., & Potts, C. (2011). Learning word vectors for sentiment analysis. In *Proceedings of the 49th Annual Meeting of the Association for Computational Linguistics: Human Language Technologies* (Vol. 1, pp. 142-150). Stroudsburg, PA: Association for Computational Linguistics.

[20] Manning, C. D., Manning, C. D., & Schütze, H. (1999). *Foundations of statistical natural language processing.* Cambridge, MA: MIT Press.

[21]　Mikolov, T., Karafiát, M., Burget, L., Černocký, J., & Khudanpur, S. (2010). Recurrent neural network based language model. In *Eleventh Annual Conference of the International Speech Communication Association.*

[22]　Mohri, M., Rostamizadeh, A., & Talwalkar, A. (2018). *Foundations of Machine Learning.* Cambridge, MA: MIT Press.

[23]　Novikova, J., Dušek, O., & Rieser, V. (2017). The e2e dataset: New challenges for end-to-end generation. In *Proceedings of the 18th Annual SIGdial Meeting on Discourse and Dialogue* (pp. 201-206).

[24]　Rajpurkar, P., Zhang, J., Lopyrev, K., & Liang, P. (2016). Squad: 100,000+ questions for machine comprehension of text. In *Proceedings of the 2016 Conference on Empirical Methods in Natural Language Processing* (pp. 2383-2392).

[25]　Salimans, T., Karpathy, A., Chen, X., & Kingma, D. P. (2017). Pixelcnn++: Improving the pixelcnn with discretized logistic mixture likelihood and other modifications. Preprint. arXiv:1701.05517.

[26]　Sennrich, R., Haddow, B., & Birch, A. (2016). Neural machine translation of rare words with subword units. In *Proceedings of the 54th Annual Meeting of the Association for Computational Linguistics* (Vol. 1: Long Papers, pp. 1715-1725).

[27]　Su, S.-Y., Huang, C.-W., & Chen, Y.-N. (2019). Dual supervised learning for natural language understanding and generation. In *Proceedings of the 57th Annual Meeting of the Association for Computational Linguistics* (pp. 5472-5477).

[28]　Sun, Y., Tang, D., Duan, N., Qin, T., Liu, S., Yan, Z., et al. (2020). Joint learning of question answering and question generation. *IEEE Transactions on Knowledge and Data Engineering, 32*(5), 971-982.

[29]　Sundermeyer, M., Schlüter, R., & Ney, H. (2012). LSTM neural networks for language modeling. In *Thirteenth Annual Conference of the International Speech Communication Association.*

[30]　Tibshirani, R. (1996). Regression shrinkage and selection via the lasso. *Journal of the Royal Statistical Society: Series B (Methodological), 58*(1), 267-288.

[31]　Vaswani, A., Shazeer, N., Parmar, N., Uszkoreit, J., Jones, L., Gomez, A. N., et al. (2017). Attention is all you need. In *Advances in Neural Information Processing Systems* (pp. 5998-6008).

[32]　Wei, B., Li, G., Xia, X., Fu, Z., & Jin, Z. (2019). Code generation as a dual task of code summarization. In *Advances in Neural Information Processing Systems* (pp. 6559-6569).

[33] Xia, Y., Qin, T., Chen, W., Bian, J., Yu, N., & Liu, T.-Y. (2017). Dual supervised learning. In *Proceedings of the 34th International Conference on Machine Learning* (Vol. 70, pp. 3789–3798). JMLR.org

[34] Yang, Y., Yih, W.-t., & Meek, C. (2015). WikiQA: A challenge dataset for open-domain question answering. In *Proceedings of the 2015 Conference on Empirical Methods in Natural Language Processing* (pp. 2013–2018).

[35] Ye, W., Xie, R., Zhang, J., Hu, T., Wang, X., & Zhang, S. (2020). Leveraging code generation to improve code retrieval and summarization via dual learning. In *Proceedings of The Web Conference 2020* (pp. 2309–2319)

[36] Yin, P., & Neubig, G. (2017). A syntactic neural model for general-purpose code generation. In *Proceedings of the 55th Annual Meeting of the Association for Computational Linguistics* (Vol. 1: Long Papers, pp. 440–450).

[37] Zeiler, M. D. (2012). Adadelta: An adaptive learning rate method. Preprint. arXiv:1212.5701

第 8 章

对偶推断

尽管结构对偶性在不同的场景和应用中已经被证明能够有效提升模型性能，但是很少有研究将这种关系用于机器学习任务的推理/测试阶段。本章介绍一个新的概念：对偶推断。它利用两个已经训练好的对偶模型直接进行测试而不需要额外的训练过程，从而提升每个任务的测试效果。

到目前为止，我们主要讨论的是如何将结构对偶性应用到训练阶段，提升模型性能。当原始模型和对偶模型被训练好之后，它们各自被用在各自的任务上进行测试。两个模型在测试阶段没有交互。

事实上，结构对偶性也可以用来改进测试过程。直观来说，我们有很高的置信度认为，如果在原始任务中，y 是 x 一个很好的预测，那么在对偶任务中，x 也应该是 y 很好的预测。对偶推断是一种新的推断方案，它使用预先训练的原始模型和对偶模型对各自的任务进行推理。

8.1 基本架构

本章介绍对偶推断的基本架构。

首先，我们回顾有监督学习中标准的推断过程。假设参数为 θ 的模型是通过最大化似然函数得到的：

$$\max_{\boldsymbol{\theta}} \sum_{(x,y)} \log P(y|x; \boldsymbol{\theta})$$

在测试阶段，给定输入 x，模型输出使条件概率最大的 y 作为 x 的预测：

$$y = \arg\max_{y' \in \mathcal{Y}} P(y'|x; \boldsymbol{\theta})$$

类似地，给定一组原始任务和对偶任务，原始模型和对偶模型的预测如下：

$$y = \arg\max_{y' \in \mathcal{Y}} P(y'|x; \boldsymbol{\theta}_{XY})$$

$$x = \arg\max_{x' \in \mathcal{X}} P(x'|y; \boldsymbol{\theta}_{YX})$$

根据联合概率原理（公式(7.1)），条件概率 $P(y|x)$ 可以依据原始模型 $\boldsymbol{\theta}_{XY}$ 和对偶模型 $\boldsymbol{\theta}_{YX}$ 计算。

$$P(y|x) = \frac{P(x,y)}{P(x)} = \frac{P(y)P(x|y; \boldsymbol{\theta}_{YX})}{P(x)}$$

类似地，我们有

$$P(x|y) = \frac{P(x,y)}{P(y)} = \frac{P(x)P(y|x; \boldsymbol{\theta}_{XY})}{P(y)}$$

条件概率可以根据原始模型和对偶模型分别计算，我们自然可以将它们结合在一起。对偶推断是这样的一种方案，其中每一个任务都会利用原始模型和对偶模型进行条件概率计算。对于原始任务，我们有

$$P(y|x; \boldsymbol{\theta}_{XY}, \boldsymbol{\theta}_{YX}) = \alpha P(y|x; \boldsymbol{\theta}_{XY}) + (1-\alpha)\frac{P(y)P(x|y; \boldsymbol{\theta}_{YX})}{P(x)}$$

对于对偶任务，我们有

$$P(x|y; \boldsymbol{\theta}_{XY}, \boldsymbol{\theta}_{YX}) = \beta P(x|y; \boldsymbol{\theta}_{YX}) + (1-\beta)\frac{P(x)P(y|x; \boldsymbol{\theta}_{XY})}{P(y)}$$

其中 $\alpha \in [0,1]$，$\beta \in [0,1]$，它们是超参数，用来平衡原始模型和对偶模型之间的权重。这两个超参数的值通过验证集确定。

虽然上述等式是通过最大似然估计得到的模型的联合概率分布导出的，文献 [8] 提出了一种基于原始/对偶模型的损失函数的一种更普适的方案。这里将给出这个方案的具体形式。

我们用 $f:\mathcal{X}\mapsto\mathcal{Y}$ 代表原始任务的模型，它能够实现从 $\mathcal{X}$ 空间到 $\mathcal{Y}$ 空间的映射；$g:\mathcal{Y}\mapsto\mathcal{X}$ 是对偶任务的模型。我们用 $\ell_f(x,y)$ 和 $\ell_g(x,y)$ 代表 f 和 g 的损失函数。文献 [8] 提出了对偶推断的基本表示：

$$f_{\mathrm{dual}}(x)=\arg\min_{y'\in\mathcal{Y}}\{\alpha\ell_f(x,y')+(1-\alpha)\ell_g(x,y')\}$$

$$g_{\mathrm{dual}}(y)=\arg\min_{x'\in\mathcal{X}}\{\beta\ell_g(x',y)+(1-\beta)\ell_f(x',y)\}$$

关于对偶推断，我们有如下讨论：

- 对偶推断不需要重新训练原始模型和对偶模型。它只是改变了推断的规则。
- 目前大多数机器学习的推断规则可以表示为：

$$f(x)=\arg\min_{y'\in\mathcal{Y}}\ell_f(x,y')$$

$$g(y)=\arg\min_{x'\in\mathcal{X}}\ell_g(x',y)$$

上述两式分别是原始任务和对偶任务的推断。它们可以视为对偶推断的一个特例，满足 $\alpha=1$ 和 $\beta=1$。从这个角度来看，对偶推断是更普遍的推断规则。

- 对偶推断在概念上也是一种集成模型 [5]。集成模型通常也引入多个模型来提升测试效果。对偶推断也引入了多个模型，可视作一种特殊的集成模型。和标准的集成模型不同，对偶推断利用两个方向的模型（原始任务或对偶任务）协同推断，而集成模型中众多模型通常在一个方向协同作用。在对偶推断中，两个方向的推断效果都会被提升。

8.2 应用

文献 [8] 表明，对偶推断可以应用到多个场景。此处我们以神经机器翻译为例。

在机器翻译中，损失函数一般是负对数似然函数：

$$\ell_f(x,y)=-\log P(y|x;f)$$
$$\ell_g(x,y)=-\log P(x|y;g)$$

(8.1)

注意，在神经机器翻译中，输出空间 $\mathcal{Y}$ 是一个指数量级的空间。输入 x 可能对应多个可能的翻译 y。因此，搜寻全空间 $\mathcal{Y}$ 以获得最小的损失对应的 y 在计算上不可行。我们通常用束搜索寻找最优的 y。对偶推断也依赖束搜索来寻找一组备选的翻译，之后原始模型和对偶模型协同作用，对备选集合中的句子重新排序，并获取最终的输出。在神经机器翻译中，原始任务的对偶推断的具体流程如下：

1）对于给定的输入 x，利用原始模型 f 和束搜索得到 K 个备选的翻译 $\{\hat{y}_i\}_{i\in[K]}$（K 是束搜索尺寸）。

2）按如下公式确定最优翻译：

$$i^* = \arg\min_{i\in[K]} \alpha\ell_f(x,\hat{y}_i) + (1-\alpha)\ell_g(x,\hat{y}_i)$$

其中 ℓ_f 和 ℓ_g 见公式(8.1)中的定义。

3）返回 $\hat{y}_{i^*}$ 作为 x 的翻译。

对偶翻译任务的对偶推断也可以按照同样的方式进行。这里省略其中的细节。

除了神经机器翻译，文献 [8] 还说明了对偶推断可以提升情感分析（情感分类和带有感情色彩的句子的生成）以及图像处理（图像分类和基于标签生成图像）的推理精度。

文献 [3] 研究了问题回答和问题生成任务。研究表明，利用对偶推断，一个很好的问题生成模型能辅助更精准的回复选择，从而提升问题回答模型的准确度，并在 3 个数据集（MARCO[1]、SQUAD [6] 和 WikiQA [9]）上取得了显著的效果。

文献 [10] 研究了分位数建模问题，其中包含两个模型：Q 模型预测任意分位数的对应值，F 模型预测任意值的对应分位数。这两个模型具有对偶形式。作者将对偶性引入模型，并且表明 F 模型和 Q 模型可以联合训练，而对偶推断可以更进一步在分位数回归问题上取得更好的结果。

8.3　理论分析

在标准有监督学习中，模型通常在训练集上通过最小化损失函数训练，之后被应用到全新的测试集，通过最小化同样的损失函数进行预测。训练过程和测试过程是一致的。然而，在对偶推断的过程中，训练和测试的过程不一致。以原始任务为例，我们只训练了原始模型，但是原始模型和对偶模型在测试过程中都得到了应用。读者可能会担心对偶推断的有效性是否存在理论保证。为了解决这个问题，本节讨论对偶学习的理论性质，表明在一定温和的假设条件下，对偶推断具备理论保证。特别地，我们为对偶推断提供了一个依赖数据的分类错误上界。

为了进行理论分析，我们提出如下假设：

- 原始任务是分类任务，例如情感分类、图像分类等。在这类任务下，我们记 $\mathcal{Y} = \{1, 2, \cdots, c\}$，$c \geqslant 2$。这个假设限制了本节讨论的结果的应用范围。

- 对于 $x \in \mathcal{X}$ 以及 $y \in \mathcal{Y}$，$\ell_f(x, y)$ 和 $\ell_g(x, y)$ 是有界的，即 $\ell_f(x, y) \in [0, 1]$，$\ell_g(x, y) \in [0, 1]$。这个假设容易满足。

我们将 $1 - \ell_f$ 记作 φ_f，将 $1 - \ell_g$ 记作 φ_g。定义

$$\varphi = \alpha \varphi_f + (1 - \alpha) \varphi_g$$

定义边缘：

$$\rho(x, y) = \varphi(x, y) - \max_{y' \neq y} \varphi(x, y')$$

因此，当且仅当 $\rho(x, y) \leqslant 0$，φ 在样本 (x, y) 上分类错误。

我们用 $\mathcal{S} = ((x_1, y_1), \cdots, (x_m, y_m))$ 代表大小为 m 的训练集，通过独立同分布采样得到（服从未知分布 D）。对任意 $\rho > 0$，泛化误差 $R(\varphi)$ 和它的边缘经验误差 $\hat{R}_{S,\rho}$ 定义如下：

$$R(\varphi) = \mathbb{E}_{(x,y) \sim D}[1\{\rho_\varphi(x, y) \leqslant 0\}]$$

$$\hat{R}_{S,\rho} = \frac{1}{m} \sum_{i=1}^{m} [1\{\rho_\varphi(x_i, y_i) \leqslant \rho\}]$$

我们用 G 表示所有 $\mathcal{X} \times \mathcal{Y}$ 到 $\mathbb{R}$ 映射的假设空间。定义 $\Pi_1(G)$ 为

$$\Pi_1(G) = \{x \mapsto h(x, y) : y \in \mathcal{Y}, h \in G\}$$

用 $\mathcal{H}_f$ 和 $\mathcal{H}_g$ 表示 φ_f 和 φ_g 的假设空间。用 $\mathfrak{R}_m(\cdot)$ 表示 Rademacher 复杂度 [2]。我们利用文献 [4] 中的定理 1 并将其中的内容适配到我们的场景，获得如下定理：

定理 8.1 给定 $\rho > 0$，对任意 $\delta > 0$，从分布 D 中独立同分布采样出 m 个样本构成集合 $\mathcal{S}$，下述不等式至少以概率 $1 - \delta$ 成立：

$$R(\varphi) \leqslant \hat{R}_{S,\rho}(\varphi) + \frac{8c}{\rho} \Big(\alpha \mathfrak{R}_m(\Pi_1(\mathcal{H}_f)) + (1 - \alpha) \mathfrak{R}_m(\Pi_1(\mathcal{H}_g)) \Big) +$$

$$\frac{1}{\rho} \sqrt{\frac{2}{m}} + \sqrt{\frac{1}{2m} \log \Big(\lceil \frac{4}{\rho^2} \log(\frac{mc^2\rho^2}{2}) \rceil + 1 \Big) + \frac{1}{2m} \log \frac{1}{\delta}}$$

定理 8.1 表明，对偶推断的泛化性能与 $\mathcal{H}_f$ 和 $\mathcal{H}_g$ 的 Rademacher 复杂度有关。上述定理中显式考虑了超参数 α。

根据文献 [4]，如果我们只用原始模型，有

$$R(\varphi_f) \leqslant \hat{R}_{S,\rho}(\varphi_f) + \frac{4c}{\rho}\mathfrak{R}_m(\Pi_1(\mathcal{H}_f)) + \sqrt{\frac{1}{2m}\log\frac{1}{\delta}} \tag{8.2}$$

考虑到对偶学习和对偶推断主要利用神经网络模型，根据文献 [7] 以及一些额外的理论假设，我们知道定理 8.1 和公式 (8.2) 中的 $\mathfrak{R}_m(\Pi_1(\cdot))$ 的量级为 $O(\sqrt{1/m})$。因此，标准推断和对偶推断的泛化误差上界分别是 $O(\sqrt{1/m})$ 和 $O(\sqrt{\log\log(m)/m})$。

上述结果表明，对偶推断和标准推断有着相当的泛化误差上界。也就是说，训练过程和测试过程不一致并没有加重对偶推断的泛化误差。事实上，实验结果 [3,8,10] 表明同时利用原始模型和对偶模型的对偶推断会比只使用原始模型的标准推断更好。

参考文献

[1] Bajaj, P., Campos, D., Craswell, N., Deng, L., Gao, J., Liu, X., et al. (2016) MS MARCO: A human generated machine reading comprehension dataset. Preprint. arXiv:1611.09268.

[2] Bartlett, P. L., & Mendelson, S. (2002). Rademacher and Gaussian complexities: Risk bounds and structural results. *Journal of Machine Learning Research, 3*(Nov), 463-482.

[3] Duan, N., Tang, D., Chen, P., & Zhou, M. (2017). Question generation for question answering. In *Proceedings of the 2017 Conference on Empirical Methods in Natural Language Processing* (pp. 866-874)

[4] Kuznetsov, V.,Mohri, M.,& Syed, U. (2014). Multi-class deep boosting. In *Advances in Neural Information Processing Systems* (pp. 2501-2509)

[5] Opitz, D., & Maclin, R. (1999). Popular ensemble methods: An empirical study. *Journal of Artificial Intelligence Research, 11,* 169-198.

[6] Rajpurkar, P., Zhang, J., Lopyrev, K., & Liang, P. (2016). Squad: 100,000+ questions for machine comprehension of text. In *Proceedings of the 2016 Conference on Empirical Methods in Natural Language Processing* (pp. 2383-2392).

[7] Sun, S., Chen, W., Wang, L., Liu, X., & Liu, T.-Y. (2016). On the depth of deep neural networks: A theoretical view. In *Thirtieth AAAI Conference on Artificial Intelligence.*

[8] Xia, Y., Bian, J., Qin, T., Yu, N., & Liu, T.-Y. (2017). Dual inference for machine learning. In *Proceedings of the 26th International Joint Conference on Artificial Intelligence* (pp. 3112-3118).

[9] Yang, Y., Yih, W.-t., & Meek, C. (2015). WikiQA: A challenge dataset for open-domain question answering. In *Proceedings of the 2015 Conference on Empirical Methods in Natural Language Processing* (pp. 2013–2018).

[10] Zhang, F., Fan, X., Xu, H., Zhou, P., He, Y., & Liu, J. (2019). Regression via arbitrary quantile modeling. Preprint. arXiv:1911.05441.

第 9 章

基于边缘概率的对偶半监督学习

本章介绍基于概率准则的对偶半监督学习，其中结构对偶性被用来从无标数据中学习，其形式既可以是概率约束，也可以是似然函数最大化。

第 4~6 章介绍了从无标数据中基于对偶重构准则的对偶学习，也介绍了基于联合概率的对偶学习，使得对偶学习扩展到有监督学习和测试阶段。本章从另一个角度介绍利用无标数据的对偶学习，其中无标数据的边缘分布将是关注的重点，对偶模型被用来有效地估计边缘分布。

首先，9.1 节介绍本算法的核心，以及如何利用对偶模型有效地估计边缘分布。9.2 节介绍如何利用无标数据边缘分布进行约束，9.3 节介绍如何最大化无标数据似然函数，9.4 节进行若干讨论。

9.1 边缘概率的高效估计

基于边缘概率的对偶半监督学习的关键是如何有效地计算边缘分布 $P(x)$ 或 $P(y)$，如何利用对偶模型计算样本的权重，以及如何利用重要性采样估计边缘分布。本节以神经机器翻译为例，介绍算法的难点和解决方案。

根据全概率公式，Y 语言的句子 y 的边缘概率 $P(y)$ 可以按照如下公式计算：

$$P(y) = \sum_{x \in \mathcal{X}} P(y|x)P(x)$$

正如 9.2 节和 9.3 节所示，边缘概率可以以多种方式从无标数据拟合获得。所有方式都面临同样的问题：如何高效计算边缘概率？

最简单的方式是对空间 $\mathcal{X}$ 中的元素求和，但是该方式在计算方面不可行，因为 $\mathcal{X}$ 空间有指数级别的候选语句。

另一种方式是对 $\mathcal{X}$ 进行蒙特卡罗采样，之后用样本均值去估计期望：

$$\sum_{x \in \mathcal{X}} P(y|x)P(x) = \mathbb{E}_{x \sim P(x)} P(y|x) \approx \frac{1}{K} \sum_{i=1}^{K} P(y|x^{(i)}), \qquad x^{(i)} \sim P(x) \tag{9.1}$$

也就是说，给定目标语言的句子 $y \in \mathcal{Y}$，我们可以根据边缘分布 $P(x)$ 采样出 K 个输入端的句子 $x^{(i)}$，之后计算 K 个样本的条件概率均值作为分布的估计。

然而，如果直接利用蒙特卡罗算法从 $P(x)$ 采样，从而估计期望项，则无法用比较小的 K 值获得精准的 $\sum_{x \in \mathcal{X}} P(y|x)P(x)$ 的估计值。给定目标语言的句子 y，当我们从源语言端的边缘分布 $P(x)$ 采样时，几乎不可能找到成为 y 对应翻译的 x。也就是说，从 $P(x)$ 采样的值很可能与 y 无关。因此，所有从 $P(x)$ 采样的样本都会使得 $P(y|x)$ 接近 0。

为了很好地估计 $\sum_{x \in \mathcal{X}} P(y|x)P(x)$，我们需要采样出具有较大 $P(y|x)$ 值的样本，即使得采样的 x 尽可能和 y 相关。显然，如果我们有训练好的目标端到源端的语言翻译模型（对偶模型），则可以获得和 y 对应的若干 x。

由于我们是用对偶模型决定的条件概率模型 $P(x|y)$（而不是边缘概率 $P(x)$）进行采样，因此需要对 $\sum_{x \in \mathcal{X}} P(y|x)P(x)$ 做出如下调整：

$$\sum_{x \in \mathcal{X}} P(y|x)P(x) = \sum_{x \in \mathcal{X}} \frac{P(y|x)P(x)}{P(x|y)} P(x|y) = \mathbb{E}_{x \sim P(x|y)} \frac{P(y|x)P(x)}{P(x|y)}$$

也就是通过对 $P(y|x)$ 进行乘法调整，我们可以将从 $P(x)$ 采样转化为从 $P(x|y)$ 采样。这个过程和重要性采样方法是一致的 [1,3,4]。之后，通过对偶模型 $P(x|y)$ 的重要性采样，获得 $\sum_{x \in \mathcal{X}} P(y|x)P(x)$ 的一个新的估计值：

$$\sum_{x \in \mathcal{X}} P(y|x)P(x) \approx \frac{1}{K} \sum_{i=1}^{K} \frac{P(y|x^{(i)})P(x^{(i)})}{P(x^{(i)}|y)}, \qquad x^{(i)} \sim P(x|y) \tag{9.2}$$

其中 K 是样本大小。相比公式(9.1)，上述公式可以更好地估计 $P(y)$。

9.2 以边缘概率为约束

文献 [5] 研究了半监督神经机器翻译，并且从概率的角度利用无标数据。核心思想是利用无标数据的边缘分布作为正则项训练神经机器翻译模型。

我们首先定义一些符号。用 X 和 Y 表示源语言和目标语言，将源语言到目标语言的翻译模型的参数记作 $\boldsymbol{\theta}_{XY}$，反向翻译模型参数记作 $\boldsymbol{\theta}_{YX}$。$P(y|x;\boldsymbol{\theta}_{XY})$ 表示利用模型 $\boldsymbol{\theta}_{XY}$ 将源语言翻译为目标语言的概率。$\mathcal{B}$ 代表双语语料库，$\mathcal{M}_Y$ 表示目标语言 Y 的单语语料库。

在有监督神经机器翻译模型中，翻译模型 $\boldsymbol{\theta}_{XY}$ 通过在有标数据上最大化似然概率获得：

$$l(\boldsymbol{\theta}_{XY}) = \frac{1}{|\mathcal{B}|} \sum_{(x,y)\in\mathcal{B}} \log P(y|x;\boldsymbol{\theta}_{XY}) \tag{9.3}$$

给定目标语言语句 y，根据全概率公式，我们有：

$$P(y) = \sum_{x\in\mathcal{X}} P(y|x)P(x)$$

其中 $\mathcal{X}$ 表示语言语句空间。如果翻译模型 $\boldsymbol{\theta}_{XY}$ 是完美的，我们应该有：

$$P(y) = \sum_{x\in\mathcal{X}} P(y|x;\boldsymbol{\theta}_{XY})P(x) \tag{9.4}$$

然而，$\boldsymbol{\theta}_{XY}$ 是通过最大似然函数在有标数据上训练得到的。因此，对于任意给定的目标语言的 y，我们无法保证公式(9.4)恒成立。因此，文献 [5] 提出通过使 $\mathcal{M}_Y$ 空间中的句子满足公式 (9.4)中的概率约束来改进模型训练。数学上，训练目标被修改成如下优化函数：

$$\max \frac{1}{|\mathcal{B}|} \sum_{(x,y)\in\mathcal{B}} \log P(y|x;\boldsymbol{\theta}_{XY})$$

$$P(y) = \sum_{x\in\mathcal{X}} P(y|x;\boldsymbol{\theta}_{XY})P(x), \forall y \in \mathcal{M}_Y$$

根据有约束优化问题的实践管理，作者将上述约束条件转化为如下的正则项：

$$\left[\log P(y) - \log \sum_{x\in\mathcal{X}} P(y|x;\boldsymbol{\theta}_{XY})P(x)\right]^2$$

将这一项引入训练目标，我们得到如下适用于半监督机器翻译的训练目标：

$$
l(\boldsymbol{\theta}_{XY}) = -\frac{1}{|\mathcal{B}|} \sum_{(x,y)\in\mathcal{B}} \log P(y|x;\boldsymbol{\theta}_{XY}) +
$$

$$
\lambda \frac{1}{|\mathcal{M}_Y|} \sum_{y\in\mathcal{M}_Y} \left[\log P(y) - \log \sum_{x\in\mathcal{X}} P(y|x;\boldsymbol{\theta}_{XY})P(x) \right]^2 \tag{9.5}
$$

其中 λ 是用来平衡似然项和约束项的超参数。

注意到边缘分布 $P(x)$ 和 $P(y)$ 通常不可直接获得。和 7.3 节类似，Wang 等人利用预训练好的语言模型来对边缘概率进行建模。语言模型可以在大规模无标数据上训练得到。

现在，最小化公式(9.5)定义的损失函数的唯一问题是如何有效地计算 $\sum_{x\in\mathcal{X}} P(y|x; \boldsymbol{\theta}_{XY})P(x)$ 详见 9.1 节公式(9.2)。将公式(9.2) 代入公式(9.5)，可获得：

$$
l(\boldsymbol{\theta}_{XY}) = -\frac{1}{|\mathcal{B}|} \sum_{(x,y)\in\mathcal{B}} \log P(y|x;\boldsymbol{\theta}_{XY}) +
$$

$$
\lambda \frac{1}{|\mathcal{M}_Y|} \sum_{y\in\mathcal{M}_Y} \left[\log P(y) - \log \frac{1}{K}\sum_{i=1}^{K} \frac{P(y|x^{(i)};\boldsymbol{\theta}_{XY})P(x^{(i)})}{P(x^{(i)}|y;\boldsymbol{\theta}_{YX})} \right]^2 \tag{9.6}
$$

其中 $x^{(i)}$ 从 $P(x|y;\boldsymbol{\theta}_{YX})$ 采样得到；$\boldsymbol{\theta}_{YX}$ 是预训练好的对偶模型，能够实现从语言 Y 到语言 X 的翻译。

文献 [5] 中的实验表明：

- 最大似然训练加上边缘概率约束显著提高了精度。
- 具有较大采样尺寸 K 的重要性采样可以提高翻译精度，但代价是需要进行更多的计算。
- 较小的 K（例如，2 或 3）即可实现翻译精度和计算代价的平衡。
- 对偶模型 $\boldsymbol{\theta}_{YX}$ 的翻译质量越高，原始模型 $\boldsymbol{\theta}_{XY}$ 的提高就越多。

9.3　无标数据的似然最大化

区别于文献 [5] 中无标数据被用作连接翻译模型和目标语言语句边缘分布的约束条件，Wang 等人 [6] 提出了一种新的利用目标端无标数据的方案，其基本思想是直接最大化目标语言的似然函数。

对于语句 $y \in \mathcal{M}_Y$，它的似然函数被定义成：

$$\log P(y) = \log \sum_{x \in \mathcal{X}} P(y|x) P(x)$$

和公式(9.3)中的似然函数结合,我们可以获得如下函数:

$$l(\boldsymbol{\theta}_{XY}) = -\frac{1}{|\mathcal{B}|} \sum_{(x,y) \in \mathcal{B}} \log P(y|x; \boldsymbol{\theta}_{XY}) - \lambda \frac{1}{|\mathcal{M}_Y|} \sum_{y \in \mathcal{M}_Y} \log \sum_{x \in \mathcal{X}} P(y|x; \boldsymbol{\theta}_{XY}) P(x) \quad (9.7)$$

其中 λ 是控制有标数据和无标数据平衡的超参数。

为了使上述公式能够被计算,将公式(9.2)代入公式(9.7),获得如下损失函数:

$$l(\boldsymbol{\theta}_{XY}) \approx -\frac{1}{|\mathcal{B}|} \sum_{(x,y) \in \mathcal{B}} \log P(y|x; \boldsymbol{\theta}_{XY}) - \lambda \frac{1}{|\mathcal{M}_Y|} \sum_{y \in \mathcal{M}_Y} \log \frac{1}{K} \sum_{i=1}^{K} \frac{P(y|x^{(i)}; \boldsymbol{\theta}_{XY}) P(x^{(i)})}{P(x^{(i)}|y; \boldsymbol{\theta}_{YX})}$$

$$(9.8)$$

其中 $x^{(i)}$ 从 $P(x|y; \boldsymbol{\theta}_{YX})$ 采样,$\boldsymbol{\theta}_{YX}$ 是预训练的对偶模型。

对偶半监督机器翻译的整个训练流程见算法 7。该算法也适用于 9.2 节定义的公式(9.6)。我们只需要将算法中第 6 行和第 7 行定义的 $l(\boldsymbol{\theta}_{XY})$ 替换。

算法 7　利用无标数据似然最大化的对偶半监督学习算法

要求: 有标数据语料 $\mathcal{B}$、无标数据语料 $\mathcal{M}_Y$、预训练的对偶翻译模型 $P(x|y; \boldsymbol{\theta}_{YX})$、经验边缘分布 $\hat{P}(x)$ 和 $\hat{P}(y)$,超参数 λ 及采样大小 K

1: 随机初始化翻译模型 $P(y|x; \boldsymbol{\theta}_{XY})$

2: 通过最大化有标数据的似然函数——公式(9.3),训练翻译模型 $P(y|x; \boldsymbol{\theta}_{XY})$

3: 对每个句子 $y \in \mathcal{M}_Y$,利用对偶模型 $P(x|y; \boldsymbol{\theta}_{YX})$ 采样出对应的 K 个翻译 $x^{(1)}, \cdots, x^{(K)}$

4: **repeat**

5:　　从无标数据 $\mathcal{M}_Y$ 中采样出一小批数据,从双语数据 $\mathcal{B}$ 采样出另一小批数据

6:　　利用上述采样的数据,计算公式(9.8)中定义的损失函数 $l(\boldsymbol{\theta}_{XY})$

7:　　以学习率 γ 更新参数 $\boldsymbol{\theta}_{XY}$:

$$\boldsymbol{\theta}_{XY} \leftarrow \boldsymbol{\theta}_{XY} - \gamma \nabla_{\boldsymbol{\theta}_{XY}} l(\boldsymbol{\theta}_{XY})$$

8: **until** 模型 $\boldsymbol{\theta}_{XY}$ 收敛

9.4 讨论

本章介绍的对偶半监督学习算法可以从不同角度拓展。

- **组合优化目标** 公式(9.6)和公式(9.8)定义的优化目标可以组合起来。Wang 等人 [6] 的研究显示，结合上述两个目标可以进一步提升精度。

- **联合训练原始模型和对偶模型** 文献 [5,6] 提出的算法都固定对偶模型（目标语言到源语言）并利用对偶模型辅助原始模型（源语言到目标语言）的训练。这可以被视为一种特殊的迁移学习，将知识从对偶模型迁移到原始模型。这也是文献 [5] 将其定位为对偶迁移学习的原因。事实上，我们很容易拓展文献 [5,6] 中的算法，使原始模型和对偶模型可以被同时优化并互相促进。一个很直接的拓展如下：

- 定义双语数据似然函数：

$$l(\boldsymbol{\theta}_{YX}) = \frac{1}{|\mathcal{B}|} \sum_{(x,y)\in\mathcal{B}} \log P(x|y; \boldsymbol{\theta}_{YX}) \tag{9.9}$$

- 根据 9.2 节的推导，我们可以通过约束源语言无标数据的边缘概率，得到如下负对数似然函数：

$$
\begin{aligned}
l(\boldsymbol{\theta}_{YX}) \approx &-\frac{1}{|\mathcal{B}|} \sum_{(x,y)\in\mathcal{B}} \log P(x|y; \boldsymbol{\theta}_{YX})+ \\
&\lambda \frac{1}{|\mathcal{M}_X|} \sum_{x\in\mathcal{M}_X} \left[\log P(x) - \log \frac{1}{K} \sum_{i=1}^{K} \frac{P(x|y^{(i)}; \boldsymbol{\theta}_{YX}) P(y^{(i)})}{P(y^{(i)}|x; \boldsymbol{\theta}_{XY})} \right]^2
\end{aligned}
\tag{9.10}
$$

其中 $y^{(i)}$ 从 $P(y|x; \boldsymbol{\theta}_{XY})$ 采样。

- 根据 9.3 节的推导，我们可以获得如下同时考虑有标数据和无标数据的整合负对数似然函数：

$$
\begin{aligned}
l(\boldsymbol{\theta}_{XY}) \approx &-\frac{1}{|\mathcal{B}|} \sum_{(x,y)\in\mathcal{B}} \log P(x|y; \boldsymbol{\theta}_{YX})- \\
&\lambda \frac{1}{|\mathcal{M}_X|} \sum_{x\in\mathcal{M}_X} \log \frac{1}{K} \sum_{i=1}^{K} \frac{P(x|y^{(i)}; \boldsymbol{\theta}_{YX}) P(y^{(i)})}{P(y^{(i)}|x; \boldsymbol{\theta}_{XY})}
\end{aligned}
\tag{9.11}
$$

其中 $y^{(i)}$ 从分布 $P(y|x; \boldsymbol{\theta}_{XY})$ 采样。

- 我们可以更新算法，利用源语言和目标语言无标数据增强原始模型和对偶模型：

算法 8　边缘概率增强的对偶半监督学习算法

要求: 有标数据语料 $\mathcal{B}$、无标数据语料 $\mathcal{M}_X$ 和 $\mathcal{M}_Y$、预训练的对偶翻译模型 $P(x|y;\boldsymbol{\theta}_{YX})$、经验边缘分布 $\hat{P}(x)$ 和 $\hat{P}(y)$、超参数 λ 及采样大小 K

1: 随机初始化翻译模型 $P(y|x;\boldsymbol{\theta}_{XY})$ 和 $P(x|y;\boldsymbol{\theta}_{YX})$

2: 通过在有标数据上最大化公式(9.3),训练翻译模型 $P(y|x;\boldsymbol{\theta}_{XY})$

3: 通过在有标数据上最大化公式(9.9),训练翻译模型 $P(x|y;\boldsymbol{\theta}_{YX})$

4: **repeat**

5:　　分别从 $\mathcal{M}_X$、$\mathcal{M}_Y$ 和 $\mathcal{B}$ 中各采样一小批数据 M_X、M_Y 和 B。

6:　　利用数据 M_Y 和 B,计算原始模型损失函数——公式(9.6)和公式(9.8)——对参数的梯度 $\nabla_{\boldsymbol{\theta}_{XY}}l(\boldsymbol{\theta}_{XY})$

7:　　利用数据 M_X 和 B,计算对偶模型损失函数——公式(9.10)和公式(9.11)——对参数的梯度 $\nabla_{\boldsymbol{\theta}_{YX}}l(\boldsymbol{\theta}_{YX})$

8:　　以学习率 γ 更新两个模型的参数:

$$\boldsymbol{\theta}_{XY} \leftarrow \boldsymbol{\theta}_{XY} - \gamma\nabla_{\boldsymbol{\theta}_{XY}}l(\boldsymbol{\theta}_{XY})$$

$$\boldsymbol{\theta}_{YX} \leftarrow \boldsymbol{\theta}_{YX} - \gamma\nabla_{\boldsymbol{\theta}_{YX}}l(\boldsymbol{\theta}_{YX})$$

9: **until** 模型 $\boldsymbol{\theta}_{XY}$ 和 $\boldsymbol{\theta}_{YX}$ 收敛

- **更多应用**　虽然本章更关注机器翻译,然而这项技术可以很容易被用到其他应用,例如问题回答和问题生成、文本总结、代码摘要和代码生成等。我们预期对于不同的应用会有不同的对偶半监督学习的版本出现。

- **结合不同准则**　本章介绍的方法的核心思想是基于边缘概率准则利用无标数据。4.2 节已介绍基于对偶重构准则利用无标数据 [2,7,8]。两种方法很容易结合起来,以更好地利用无标数据。

参考文献

[1] Cochran, W. G. (2007). *Sampling techniques.* John Wiley & Sons.

[2] He, D., Xia, Y., Qin, T., Wang, L., Yu, N., Liu, T.-Y., et al. (2016). Dual learning for machine translation. In *Advances in Neural Information Processing Systems* (pp. 820-828).

[3] Hesterberg, T. (1995). Weighted average importance sampling and defensive mixture distributions. *Technometrics, 37*(2), 185-194.

[4] Neal, R. M. (2001). Annealed importance sampling. *Statistics and computing, 11*(2), 125-139.

[5] Wang, Y., Xia, Y., Zhao, L., Bian, J., Qin, T., Liu, G., et al. (2018). Dual transfer learning for neural machine translation with marginal distribution regularization. In *Thirty-Second AAAI Conference on Artificial Intelligence.*

[6] Wang, Y., Xia, Y., Zhao, L., Bian, J., Qin, T., Chen, E., et al. (2019). Semi-supervised neural machine translation via marginal distribution estimation. *IEEE/ACM Transactions on Audio, Speech, and Language Processing, 27*(10), 1564-1576.

[7] Yi, Z., Zhang, H., Tan, P., & Gong, M. (2017). Dualgan: Unsupervised dual learning for imageto- image translation. In *Proceedings of the IEEE International Conference on Computer Vision* (pp. 2849-2857).

[8] Zhu, J.-Y., Park, T., Isola, P., & Efros, A. A. (2017). Unpaired image-to-image translation using cycle-consistent adversarial networks. In *Proceedings of the IEEE International Conference on Computer Vision* (pp. 2223-2232).

04

第四部分

前沿课题

这一部分介绍若干前沿课题，包括对偶重构准则的理论解读，以及对偶学习和其他学习范式的联系。

第 10 章

对偶重构的理论解读

虽然基于对偶重构准则的算法在诸多任务上取得了令人满意的效果，但它的理论解读仍然是缺失的。本章将重点讨论对偶重构准则的理论研究。我们先介绍一篇分析无监督学习中对偶重构准则的文章，它的关注点是原始模型和对偶模型的假设空间的复杂度。之后，介绍一篇分析半监督学习中对偶重构准则的文章，它的关注点是原始模型和对偶模型的质量/精度。

10.1 概述

本章将重点讨论关于对偶重构准则的理论理解。对偶重构准则是第 4~6 章中的算法的基石。从理论角度研究该准则的动机有两个。

首先，尽管对偶学习算法在无监督条件下取得了巨大成功 [2,9,11-12,19,22]，然而它们并没有很直观的理论保证。以图 5.5 展示的图像翻译为例，没有任何监督信号的保证，为什么 DiscoGAN 能够发现汽车图像和人脸图像之间的关系，以及椅子图像和汽车图像之间的关系？没有监督信号，一个领域到另一个领域有无数种可能的映射。事实上，DiscoGAN 能够从无数个可能映射中找出具有语义功能的映射是令人惊奇的。

其次，基于联合概率分布的对偶有监督学习 [13,18] 和对偶推断 [17] 已经有了理论保证。相比之下，对偶无监督学习和对偶半监督学习仅仅通过实验验证了有效性 [2,8-9,11-12,19,22]，理论保证仍然是缺失的。这表明从理论上分析该准则具有很大的挑战。

鉴于建立在对偶重构准则基础上的算法已经取得了巨大的成功，我们自然要问为什么它们能起作用，在哪些情况下它们会失败。Galanti 等人 [6] 和 Zhao 等人 [20] 从不同的角度研究了这个问题。本章将介绍上述研究。

10.2 对偶重构准则在无监督学习中的解读

Galanti 等人 [6] 从映射函数复杂度的角度（原始模型和对偶模型的复杂度）分析对偶重构准则在无监督学习中的表现。

10.2.1 对偶无监督映射的建模

对偶无监督学习的目标是从两个无标数据集学习两个模型/函数，原始模型完成从空间（也叫"域"）$\mathcal{X}$ 到空间 $\mathcal{Y}$ 的映射，对偶模型完成从空间 $\mathcal{Y}$ 到空间 $\mathcal{X}$ 的映射。$\{x_i\}$ 和 $\{y_j\}$ 是独立地从分布 D_X 和 D_Y 采样得到的，$x_i \in \mathcal{X}$，$y_i \in \mathcal{Y}$。

为了分析对偶无监督算法 [2,9,11,19,22]，Galanti 等人 [6] 引入了第三个空间 $\mathcal{Z}$ 以及对应的数据分布 D_Z，并假设存在两个映射函数，即 $f_{ZX} : \mathcal{Z} \to \mathcal{X}$ 和 $f_{ZY} : \mathcal{Z} \to \mathcal{Y}$，它们满足：

$$D_X = f_{ZX} \circ D_Z$$

$$D_Y = f_{ZY} \circ D_Z$$

其中 $f_{ZX} \circ D_Z$ 表示 $f_{ZX}(z)$ 的分布，$z \sim D_Z$。注意，为了使这个假设成立，我们需要一些特定条件。例如，空间 $\mathcal{Z}$ 不应该比 $\mathcal{X}$ 和 $\mathcal{Y}$ 更简单。幸运的是，这个条件在无监督对偶学习（包括机器翻译、图像翻译等）的应用中很容易满足。事实上，在图像翻译任务中，上述三个空间相同，由同样尺寸的图像构成。

Galanti 等人进一步假设 f_{ZX} 和 f_{ZY} 都是可逆的，这一点在文献 [4] 中得到了验证。类似地，在对偶无监督学习中，我们假设两个映射函数 f_{XY} 和 f_{YX} 都是可逆的，记：

$$f_{XY} = f_{ZY} \circ f_{ZX}^{-1}$$

即为了实现从 $\mathcal{X}$ 域到 $\mathcal{Y}$ 域的映射，我们首先要将输入映射到 $\mathcal{Z}$ 域，之后再映射到 $\mathcal{Y}$ 域。这个间接的映射蕴含着如下语义假设：$\mathcal{Z}$ 域是 $\mathcal{X}$ 和 $\mathcal{Y}$ 共享的语义空间，因此 $\mathcal{X}$ 和 $\mathcal{Y}$ 之间的映射可以被语义空间桥接起来，如图 10.1所示。

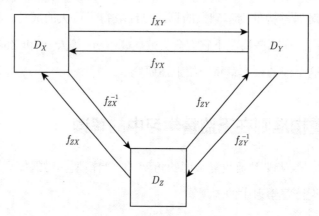

图 10.1　三个域上的分布及它们之间的映射函数

Galanti 等人 [6] 将"对齐"问题定义为拟合函数 $h \in \mathcal{H}$，使之和 f_{XY} 尽可能接近，$\mathcal{H}$ 是某个假设空间：

$$\inf_{h \in \mathcal{H}} R_{D_X}[h, f_{XY}]$$

其中

$$R_D[f_1, f_2] = \mathbb{E}_{x \sim D}\ell(f_1(x), f_2(x))$$

在分布为 D 的情况下用损失函数 ℓ 度量两个函数 f_1 和 f_2 之间的差别，$\ell : \mathbb{R} \times \mathbb{R} \to \mathbb{R}$。注意，这是无监督对齐任务，在 $\mathcal{X}$ 域和 $\mathcal{Y}$ 域之间没有可以使用的对齐数据。

为了保证我们能够学习到好的原始模型 h 和对偶模型 h'，对偶无监督学习算法要建立在对偶重构准则和对抗训练准则上。具体来说，训练目标如下：

$$\inf_{h, h' \in \mathcal{H}} \mathrm{disc}_{\mathcal{C}}(h \circ D_X, D_Y) + \mathrm{disc}_{\mathcal{C}}(h' \circ D_Y, D_X) + R_{D_X}[h' \circ h, \mathrm{Id}_X] + R_{D_Y}[h \circ h', \mathrm{Id}_Y]$$

$$(10.1)$$

其中 Id_X 和 Id_Y 分别表示 X 域和 Y 域的恒同映射。$\mathrm{disc}_{\mathcal{C}}(D_1, D_2)$ 代表分布 D_1 和分布 D_2 的差异$^{\ominus}$，该差异由复杂度最多为 $\mathcal{C}$ 的函数类度量，并且通常通过 GAN [7] 实现。公式(10.1)中的第一项保证了由映射 $h : \mathcal{X} \mapsto \mathcal{Y}$ 导出的分布和 $\mathcal{Y}$ 域的分布接近。第二项类似第一项，保证了反向映射的分布。最后两项是对偶重构误差，保证样本经过前向和反向映射后能够重构。

　$\ominus$　$\mathrm{disc}_{\mathcal{C}}(D_1, D_2)$ 的严格定义可以参阅文献 [6]。

10.2.2　存在的问题和简单性假设

一方面，公式(10.1)最后两项展示的对偶重构误差简洁明了，不需要额外的监督信号。另外，Galanti 等人 [6] 也指出了潜在的问题：

命题 10.1　如果存在两个映射函数 h 和 h'，它们能够使重构误差为零，即

$$h \circ h' = \mathrm{Id}_X, \quad h \circ h' = \mathrm{Id}_Y$$

那么可能会有多种满足上述条件的函数。

上述命题不难证明。对于任意 Y 域的可逆置换⊖Π，我们有：

$$(h' \circ \Pi^{-1}) \circ (\Pi \circ h) = h \circ h' = \mathrm{Id}_X$$

$$(\Pi \circ h) \circ (h' \circ \Pi^{-1}) = \Pi \circ (h \circ h') \circ \Pi^{-1} = \Pi \circ \mathrm{Id}_Y \circ \Pi^{-1} = \mathrm{Id}_Y \tag{10.2}$$

根据这个置换，每个满足对偶重构的映射 h 和 h' 都可能导致多个解，即 $\tilde{h} = h \circ \Pi$ 和 $\tilde{h}' = \Pi^{-1} \circ h'$。如果 Π 满足 $D_X(x) \approx D_X(\Pi(x))$，那么公式（10.1）中的差异项基本不变。以下是这种情况的一个例子。

样例 10.2　假设我们希望将英文单词 "one" "two" 和 "three" 翻译成中文 "一" "二" 和 "三"。正确的翻译应该是 "one"↔"一"、"two"↔"二" 及 "three"↔"三"。不幸的是，有六种映射（例如，'one'↔"二"、"two"↔"三" 和 "three" ↔"一"）都能导致对偶重构误差为零。更近一步，如果 "one" "two" 和 "three" 在英文中出现的概率均等，"一" "二" 和 "三" 在中文中出现的概率也均等，这六种映射会导致相同的差异项。也就是说，上述映射的训练误差相同，但只有一种是语义正确的。

如上面的样例和公式(10.2)所示，两个域之间经过无监督学习（不利用有标数据）获得的映射是不完备的。仅仅利用对偶重构准则（即便使用对抗训练加强）也不能解释对偶无监督学习成功的原因。然而，文献 [9,19,22] 中的算法在实际应用场景中表现出了巨大成功，即便有很多满足公式（10.1）但语义不正确的映射。为什么？

为了回答这个问题，Galanti 等人 [6] 使用了如下简单性假设。

假设 10.3（简单性假设）　最低复杂度的小差异映射近似于目标函数的对齐。

上述假设的直观解释在于，正确的原始映射和对偶映射应该是满足最小化公式(10.1)的最简单的映射对。该假设和 Occam 剃刀原则一致，后者也喜欢用最简单的模型解决问题。

⊖　假设两个域都只有有限数据，这可以对应固定图像大小的图像翻译和固定最大句子长度的机器翻译。

Galanti 等人进一步假设在对偶无监督算法 [2,9,11,19,22] 中，选择 goldilock 架构。它们足够复杂，可以允许小的差异，但又不会过于复杂，可以支持复杂度非最低的映射。因此，上述架构学习了一种最低复杂度小差异映射。

基于上述假设，Galanti 等人进行了如下预测。

预测 10.4　对于具有共同特征的域之间的映射的无监督学习，如果网络足够小，在目标域使用 GAN 约束即可得到语义对齐的映射。

说明　乍一看，这个预测似乎消除了对偶重构准则以及原始模型和对偶模型联合训练的必要性，这与文献 [9,19,22] 中的观察结果以及论点矛盾。事实上，如文献 [6] 所示，即使不用对偶重构准则，GAN 约束也可作为两个相近的域（有一些共同的特征）的训练准则，例如在男人到女人人脸互换、黑发和金发互换、戴眼镜和去眼镜互换，以及鞋子和鞋子边缘的互换中。但是对于两个相差较远的域，仅仅使用上述 GAN 约束不能取得好的效果，例如在手提包和鞋子的互换中。文献 [9,19,22] 表明，联合使用 GAN 约束和对偶重构约束能够针对相差较远的域学到良好的映射（例如，手提包和鞋子的互换），对于相似的域，同时使用两个准则也会比只使用 GAN 约束取得更好的效果。因此，对偶重构准则在两个域的无监督映射学习中起着重要作用，而这一点不能用简单性假设来解释。

预测 10.5　对于两个域之间映射的无监督学习，需要仔细调整网络的复杂度。

这是预测 10.4 的拓展，适用于小网络的表达力不足以学习语义合理的映射时。

如果简单性假设是正确的，我们需要找到一对复杂度低且差异小的原始和对偶映射。然而，更深的架构可能会导致更小的差异。因此，我们需要权衡网络的复杂度和分布差异。为此，Galanti 等人提出寻找一个函数 h，它的复杂度是 k_2（即 $C(h) = k_2$）且最小化以下函数：

$$\min_{h, C(h)=k_2} \left\{ \mathrm{disc}(h \circ D_X, D_Y) + \lambda \inf_{g, C(g)=k_1} R_{D_x}[h, g] \right\} \tag{10.3}$$

其中 k_1 是从域 X 到域 Y 的小差异映射的最小复杂度。换言之，我们的目标是找到函数 h，它的分布差异很小并且和最小复杂度的映射 g 尽可能接近。

10.2.3　最小复杂度

为了验证上述假设，Galanti 等人 [6] 引入了最小复杂度的概念。

我们以图像翻译为例，考虑具有如下形式的函数：

$$f := F[W_{n+1}, \cdots, W_1] = W_{n+1} \circ \sigma \circ \cdots \circ \sigma \circ W_2 \circ \sigma \circ W_1 \tag{10.4}$$

其中 $W_1, \cdots, W_{n+1}$ 是从 $\mathbb{R}^d$ 到 $\mathbb{R}^d$ 的可逆线性映射，σ 是逐元素的非线性激活函数。Galanti 等人关注的 σ 是弱线性整流函数，其中的参数满足 $0 < a \neq 1$。

定义 10.6　函数 f 的复杂度（记作 $C(f)$）被定义为最小的数值 n，它使 $n+1$ 个线性变换 $W_1, \cdots, W_{n+1}$ 满足 $f = F[W_{n+1}, \cdots, W_1]$。

直观来说，$C(f)$ 是实现函数 f 的所有网络中浅层网络的深度。也就是说，我们用网络的层数表征函数的 Kolmogorov 复杂度，这个复杂度指标比神经网络自身的 Kolmogorov 复杂度简单。

注意，Galanti 等人 [6] 考虑的是函数自身的复杂度。有很多定义在函数类别上的复杂度，包括 VC 维 [15] 以及 Rademacher 复杂度 [3]。如何利用上述复杂度研究对偶学习算法（特别是重构准则）还没有被研究。感兴趣的读者可以沿此方向继续探索。

定义 10.7（保密度映射）　如果函数 f 满足：

$$\mathrm{disc}(f \circ D_X, D_X) \leqslant \epsilon_0 \tag{10.5}$$

则被称为在域 $X = (\mathcal{X}, D_X)$ 上的 ϵ_0 保密度映射（Density Preserving Mapping），简记为 ϵ_0-DPM。

我们用 $\mathrm{DPM}_{\epsilon_0}(X; k) := \{f | \mathrm{disc}(f \circ D_X, D_X) \leqslant \epsilon_0 且 C(f) = k\}$ 表述所有复杂度为 k 的 ϵ_0-DPM。

Galanti 等人进一步给出了如下预测。

预测 10.8　低复杂度的 DPM 数目很少。

这个预测表明，DPM 在真实世界的领域中很稀少，可以被用作定理 10.10 中最小低差异映射数目的上界。由于基于神经网络的映射/函数是连续的且不可数，我们需要谨慎描述最小低差异映射的数目。为此，我们给出更进一步的定义。

根据定义 10.6，我们从保密度映射角度定义 ϵ 相似度。

定义 10.9　函数 f 和 g 在分布 D 下的相似度为 ϵ，记作 $f \underset{\epsilon_0}{\overset{D}{\sim}} g$，如果 $C(f) = C(g)$ 并且存在最小分解 $f = F[W_{n+1}, \cdots, W_1]$ 和 $g = F[V_{n+1}, \cdots, V_1]$，满足 $\forall i \in [n+1]$：$\mathrm{disc}(F[W_i, \cdots, W_1] \circ D, F[V_i, \cdots, V_1] \circ D) \leqslant \epsilon_0$。

根据上述定义，如果两个函数的最小复杂度一致，且对于处理的每一步，对应函数的激活函数保持差异性（依据分布 D），那么两个函数在分布 D 下的相似度为 ϵ。

存在很多将函数集合/函数空间 $\mathcal{U}$ 划分为不相交的子集的方案，使在任意子集中，任何两个函数是 ϵ 近似的。记 $\mathrm{N}(\mathcal{U}, \sim_{\mathcal{U}})$ 为覆盖整个空间 $\mathcal{U}$ 的最小子集数，其中 $\sim_{\mathcal{U}}$ 为相似度关系。它可以被看作一种正则化的覆盖数 [21]。

我们用 $C_{X,Y}^{\epsilon_0}$ 表示为了使从分布 D_X 到分布 D_Y 的映射的差异小于 ϵ_0，神经网络最小的复杂度。$H_{\epsilon_0}(X, Y)$ 表示最小复杂度映射，即复杂度为 $C_{X,Y}^{\epsilon_0}$ 的映射并且能够实现 ϵ_0 差异：

$$H_{\epsilon_0}(X, Y) := \left\{ h \mid C(h) \leqslant C_{X,Y}^{\epsilon_0} \text{ 且 } \mathrm{disc}(h \circ D_X, D_Y) \leqslant \epsilon_0 \right\}$$

Galanti 等人证明了如下定理，表明这个集合的覆盖数和 DPM 的覆盖数相似。因此，如果预测 10.8 成立，则最小低差异映射数目很少。

定理 10.10 σ 是弱线性整流函数（参数 $0 < a \neq 1$），并且是可辨认的。给定任意 $\epsilon_0 > 0$ 和 $0 < \epsilon_2 < \epsilon_1$，我们有

$$\mathrm{N}\left(H_{\epsilon_0}(X, Y), \overset{D_X}{\underset{\epsilon_1}{\sim}}\right) \leqslant \min \begin{cases} \mathrm{N}\left(\mathrm{DPM}_{\epsilon_0}\left(X; 2C_{X,Y}^{\epsilon_0}\right), \overset{D_X}{\underset{\epsilon_2}{\sim}}\right) \\ \mathrm{N}\left(\mathrm{DPM}_{\epsilon_0}\left(Y; 2C_{X,Y}^{\epsilon_0}\right), \overset{D_Y}{\underset{\epsilon_2}{\sim}}\right) \end{cases} \tag{10.6}$$

上述定理需要可辨认的假设。该定理假设可识别性，这是关于神经网络的唯一性，并且对于一般网络仍然是一个悬而未决的问题。特定网络架构已取得进展。文献 [5] 证明了激活函数为 tanh 的网络的可分辨性。文献 [1, 10, 14, 16] 证明了只有一层隐藏层和若干激活函数的网络的唯一性，Galanti 等人 [6] 证明了使用弱线性整流函数的一层网络的可分辨性。

10.3   对偶重构准则在半监督学习中的解读

命题 10.1 和样例 10.2 表明，存在多种使对偶重构误差为零或者很小但语义不正确的影射。Galanti 等人 [6] 基于简单性假设解释了对偶学习成功的原因。它的一个限制是简单性假设本身难以理论验证。更糟糕的是，对于很多应用（例如机器翻译和语音处理），它们使用的映射函数（神经网络）更加复杂并且很可能违背简单性假设。

为了更好地理解和解释对偶学习的成功原因，Zhao 等人 [20] 从半监督的角度分析了对偶重构准则在机器翻译 [8] 中的应用。作者首先证明对偶学习能够改进两种语言之间的映射函数（参见 10.3.2 节），之后将语言数目扩充到多个（参见 10.3.3 节）。

10.3.1 算法和符号说明

基于对偶重构准则的半监督对偶学习算法（见算法 9）需要两个经双语数据训练的标准翻译模型 T_{12} 和 T_{21}，并且最终能够得到两个改进的翻译模型 T_{12}^{d} 和 T_{21}^{d}。上标 d 表示"对偶"（dual）。作者希望探求，为什么使用对偶学习之后，T_{12}^{d} 和 T_{21}^{d} 的翻译质量会比原始的 T_{12} 和 T_{21} 更好。在进行具体分析之前，我们需要给出一些符号定义。

算法 9　半监督对偶学习算法

要求： 语言 L_1 和 L_2 的双语数据 $\mathcal{B}_{12}$，L_1 和 L_2 的无标数据 $\mathcal{M}_1$ 和 $\mathcal{M}_2$

1: 在双语数据上，训练语言 L_1 到语言 L_2 的翻译模型 T_{12}，同时也训练语言 L_2 到语言 L_1 的翻译模型 T_{21}

2: 通过最小化有标数据 $\mathcal{B}_{12}$ 上的负对数似然函数，以及在无标数据 $\mathcal{M}_1$ 和 $\mathcal{M}_2$ 上的对偶重构误差，继续训练两个翻译模型

3: 输出最终的翻译模型 T_{12}^{d} 和 T_{21}^{d}

我们用 L_i 表示第 i 个语言空间，$i \in \{1, 2, \cdots, k\}$。$D_i$ 表示 L_i 语言句子的分布，$\Pr(x) = D_i(x), \forall x \in L_i$。由于词汇表大小有限，并且句子最大长度也是有限的，我们假设每种语言空间具有有限个句子。另外，我们用 $c(x)$ 表示一簇句子，里面的所有句子和 x 有相同的语义。我们用 T_{ij}^* 表示从语言 L_i 到 L_j 的真实的翻译模型（oracle translation），它可以将 L_i 语言中的句簇准确地翻译为 L_j 语言的句簇。T_{ij} 表示标准翻译，能够将 L_i 语言的句子翻译为 L_j 语言。我们希望得到 $T_{ij}(x_i) \in T_{ij}^*(x_i)$。$p_{ij}$ 表示翻译器 T_{ij} 的期望准确率，即根据 D_i 从 L_i 语言随机采样一个句子，它能够被正确翻译为 L_j 语言的概率：

$$p_{ij} = \Pr_{x \sim D_i}(T_{ij}(x) \in T_{ij}^*(x)) = \sum_{x \in L_i} D_i(x) \mathbb{1}[T_{ij}(x) \in T_{ij}^*(x)]$$

其中 $\mathbb{1}[]$ 是示性函数。为了简单起见，当上下文没有歧义时，我们会省略下标 $x \sim D_i$。很容易验证：

$$\Pr(T_{ij}(x) \notin T_{ij}^*(x)) = 1 - p_{ij}$$

D_j' 表示经 $T_{ij}(x)$ 导出的 L_j 语言句子的分布，且 $x \sim D_i$，定义：

$$p_{ji}^{\mathrm{r}} = \Pr_{x \sim D_j'}(T_{ji}(x) \in T_{ji}^*(x)) = \sum_{x \in L_j} D_j'(x) \mathbb{1}[T_{ji}(x) \in T_{ji}^*(x)]$$

上标 r 表示"重构"（reconstruction）。p_{ji}^{r} 和 p_{ji} 的差别在于 L_j 空间的句子分布。

10.3.2　双语翻译

给定句子 $x \in L_1$，我们用 $y_{12}(x)$ 和 $y_{21}(x)$ 表示 $T_{12}(x)$ 和 $T_{21}(T_{12}(x))$ 是否产生了各自正确的翻译：

$$y_{12}(x) = \begin{cases} 1, & T_{12}(x) \in T_{12}^{*}(x) \\ 0, & \text{其他} \end{cases}$$

$$y_{21}(x) = \begin{cases} 1, & T_{21}(T_{12}(x)) \in T_{21}^{*}(T_{12}(x)) \\ 0, & \text{其他} \end{cases}$$

根据定义，我们有：

$$p_{12} = \Pr_{x \sim D_1}(y_{12}(x) = 1) \tag{10.7}$$

$$p_{21}^{r} = \Pr_{x \sim D_1}(y_{21}(x) = 1) \tag{10.8}$$

当上下文没有歧义时，我们省略 $x \sim D_1$ 便于阅读。

为了分析对偶学习，我们分析 y_{12} 和 y_{21} 的联合概率。我们用 λ 对 y_{12} 和 y_{21} 的关联性建模：

$$\Pr(y_{12} = 1, y_{21} = 1) = p_{12}p_{21}^{r} + \lambda \tag{10.9}$$

根据公式(10.7)和公式(10.8)，我们有：

$$\Pr(y_{12} = 1, y_{21} = 0) = p_{12}(1 - p_{21}^{r}) - \lambda$$

$$\Pr(y_{12} = 0, y_{21} = 1) = (1 - p_{12})p_{21}^{r} - \lambda$$

$$\Pr(y_{12} = 0, y_{21} = 0) = (1 - p_{12})(1 - p_{21}^{r}) + \lambda$$

考虑到概率的非负性，我们有：

$$-\min\{p_{12}p_{21}^{r}, (1 - p_{12})(1 - p_{21}^{r})\} \leqslant \lambda \leqslant \min\{p_{12}, p_{21}^{r}\} \tag{10.10}$$

尽管 λ 的界限不是准确无误的，它对本章的分析却是足够的。

关于对齐问题出现的概率，也就是 $x \in L_1$，$T_{21}(T_{12}(x)) \in c(x)$ 且 $y_{12}(x) = y_{21}(x) = 0$，可以被概括为 $\Pr(y_{12}(x) = 0, y_{21}(x) = 0)$ 的一部分。我们用 δ 刻画这部分出现的

概率：

$$p_{\text{align}} = \delta((1 - p_{12})(1 - p_{21}^{\text{r}}) + \lambda) \tag{10.11}$$

其中 $0 \leqslant \delta \leqslant 1$。

关于利用对偶学习获得的 T_{12}^{d} 和 T_{21}^{d}，我们可以类似地定义 $y_{12}^{\text{d}}()$ 和 $y_{21}^{\text{d}}()$：

$$y_{12}^{\text{d}}(x) = \begin{cases} 1, & T_{12}^{\text{d}}(x) \in T_{12}^{*}(x) \\ 0, & \text{其他} \end{cases}$$

$$y_{21}^{\text{d}}(x) = \begin{cases} 1, & T_{21}^{\text{d}}(T_{12}^{\text{d}}(x)) \in T_{21}^{*}(T_{12}^{\text{d}}(x)) \\ 0, & \text{其他} \end{cases}$$

我们感兴趣的是 T_{12}^{d} 的准确率：

$$p_{12}^{\text{d}} = \Pr_{x \sim D_1}(y_{12}^{\text{d}}(x) = 1)$$

为了关联标准翻译模型和对偶翻译模型，Zhao 等人给出以下假设：如果 L_1 语言的句子能够被标准翻译器重构，那么它也可以被对偶翻译器重构。

假设 10.11　对于 $x \in L_1$，如果 $T_{21}(T_{12}(x)) \in c(x)$，那么 $T_{21}^{\text{d}}(T_{12}^{\text{d}}(x)) \in c(x)$ 成立。

我们考虑如下两个场景：

场景 1：$T_{21}(T_{12}(x)) \in c(x)$；

场景 2：$T_{21}(T_{12}(x)) \notin c(x)$。

对于任意 $x \in L_1$，如果它属于场景 2，则我们定义：

$$\alpha = \Pr(T_{12}^{\text{d}}(x) \in T_{12}^{*}(x), T_{21}^{\text{d}}(T_{12}^{\text{d}}(x)) \in c(x)|\text{场景 2}) \tag{10.12}$$

$$\beta = \Pr(T_{12}^{\text{d}}(x) \notin T_{12}^{*}(x), T_{21}^{\text{d}}(T_{12}^{\text{d}}(x)) \in c(x)|\text{场景 2}) \tag{10.13}$$

$$\gamma = \Pr(T_{21}^{\text{d}}(T_{12}^{\text{d}}(x)) \notin c(x)|\text{场景 2}) \tag{10.14}$$

其中 "Case 2" 代表条件 $T_{21}(T_{12}(x)) \notin c(x)$。$\alpha$ 表示利用对偶学习，本来翻译错误的句子被正确翻译的概率；β 表示场景 2 条件下出现对齐问题的概率；γ 表示出现非零重构误差的概率。γ 表示对偶学习的不完备性，理想情况下为零。容易验证，$\alpha + \beta + \gamma = 1$。

下述定理描述了使用对偶学习后，翻译器 T_{12}^{d} 的准确率。

定理 10.12 在假设 10.11 的条件下，对于两种语言 L_1 和 L_2，对偶学习输出的模型 T_{12}^{d} 的准确率是：

$$p_{12}^{\mathrm{d}} = (1 - \alpha)(p_{12}p_{21}^{\mathrm{r}} + \lambda) + \alpha\delta(p_{12} + p_{21}^{\mathrm{r}} - p_{12}p_{21}^{\mathrm{r}} - \lambda) + \alpha(1 - \delta)$$

其中 λ、δ、α 见公式(10.9)、公式(10.11)和公式(10.14)。

证明 考虑随机采样的 x 及其从 L_1 到 L_2 的翻译。在对偶学习之前，准确率记作 p_{12}。我们分析上述两个场景。

场景 1 $T_{21}(T_{12}(x)) \in c(x)$

本场景包括两个子场景：

- 场景 1.1: $T_{12}(x) \in T_{12}^*(x)$;
- 场景 1.2: $T_{12}(x) \notin T_{12}^*(x)$。

虽然我们不希望出现场景 1.2，但是对偶学习无法检测它。根据公式(10.9)和公式(10.11)，上述两个子场景出现的概率为：

$$\Pr(\text{场景 1.1}) = \Pr(y_{12} = y_{21} = 1) = p_{12}p_{21}^{\mathrm{r}} + \lambda$$

$$\Pr(\text{场景 1.2}) = p_{\mathrm{align}} = \delta((1 - p_{12})(1 - p_{21}^{\mathrm{r}}) + \lambda)$$

场景 2 $T_{21}(T_{12}(x)) \notin c(x)$

对偶重构准则会使本场景出现的概率最小。本场景的出现概率与场景 1 的概率之和为 1：

$$\Pr(\text{场景 2}) = 1 - (p_{12}p_{21}^{\mathrm{r}} + \lambda) - \delta((1 - p_{12})(1 - p_{21}^{\mathrm{r}}) + \lambda)$$

$$= 1 - \delta - (1 + \delta)(p_{12}p_{21}^{\mathrm{r}} + \lambda) + \delta(p_{12} + p_{21}^{\mathrm{r}})$$

利用对偶学习后，场景 2 以概率 α 和 β 被分配到场景 1.1 和 1.2。因此：

$$\Pr(T_{12}^{\mathrm{d}}(x) \in T_{12}^*(x), T_{21}^{\mathrm{d}}(T_{12}^{\mathrm{d}}(x)) \in c(x))$$

$$= p_{12}p_{21}^{\mathrm{r}} + \lambda + \alpha\Pr(\text{场景 2})$$

$$= (1 - \alpha)(p_{12}p_{21}^{\mathrm{r}} + \lambda) + \alpha\delta(p_{12} + p_{21}^{\mathrm{r}} - p_{12}p_{21}^{\mathrm{r}} - \lambda) + \alpha(1 - \delta)$$

它代表使用对偶学习后，T_{12}^{d} 的准确率。

从上述定理，我们可以得到以下结论。

首先，我们对比使用对偶学习前后，翻译模型的关系。考虑到 $1 - \alpha \geqslant 0$，$p_{12} + p_{21}^{\mathrm{r}} - p_{12}p_{21}^{\mathrm{r}} - \lambda \geqslant 0$ (参考公式(10.10)) 和 $1 - \delta \geqslant 0$，我们可以得到使用对偶学习后的翻译模型的准确率，与使用前标准翻译器的准确率正相关。p_{12} 和 p_{21}^{r} 越大，对偶学习模型 T_{12}^{d} 就能够取得越高的翻译准确率。

其次，我们研究 α 和 δ 如何影响 p_{12}^{d}。重新整合公式，我们有：

$$p_{12}^{\mathrm{d}} = \alpha(1 - \delta - (1 + \delta)(p_{12}p_{21}^{\mathrm{r}} + \lambda) + \delta(p_{12} + p_{21}^{\mathrm{r}})) + p_{12}p_{21}^{\mathrm{r}} + \lambda$$

α 取较大值是有好处的，这和我们的直觉一致。p_{12}^{d} 也可以被写作：

$$-\alpha\delta((1 - p_{12})(1 - p_{21}^{\mathrm{r}}) + \lambda) + \alpha + (1 - \alpha)(p_{12}p_{21}^{\mathrm{r}} + \lambda)$$

因此我们希望 δ 较小。

最后，我们考虑当 α 和 β 的分布正比于 $\Pr(\text{情景 1.1})$ 和 $\Pr(\text{情景 1.2})$：

$$\frac{\alpha}{\beta} = \frac{\Pr(T_{12}(x) \in T_{12}^{*}(x), T_{21}(T_{12}(x)) \in c(x))}{\Pr(T_{12}(x) \notin T_{12}^{*}(x), T_{21}(T_{12}(x)) \in c(x))}$$

$$= \frac{p_{12}p_{21}^{\mathrm{r}} + \lambda}{\delta((1 - p_{12})(1 - p_{21}^{\mathrm{r}}) + \lambda)}$$

我们有：

$$p_{12}^{\mathrm{d}} = \frac{(p_{12}p_{21}^{\mathrm{r}} + \lambda)(1 - \gamma(1 - p_{12}p_{21}^{\mathrm{r}} - \lambda - \delta((1 - p_{12})(1 - p_{21}^{\mathrm{r}}) + \lambda)))}{p_{12}p_{21}^{\mathrm{r}} + \lambda + \delta((1 - p_{12})(1 - p_{21}^{\mathrm{r}}) + \lambda)}$$

$$= \frac{(p_{12}p_{21}^{\mathrm{r}} + \lambda)(1 - \Gamma)}{p_{12}p_{21}^{\mathrm{r}} + \lambda + \delta((1 - p_{12})(1 - p_{21}^{\mathrm{r}}) + \lambda)} \tag{10.15}$$

其中 $\Gamma = \gamma(1 - p_{12}p_{21}^{\mathrm{r}} - \lambda - \delta((1 - p_{12})(1 - p_{21}^{\mathrm{r}}) + \lambda))$。为了比较 p_{12}^{d} 和标准翻译器的准确度，我们有：

$$p_{12}^{\mathrm{d}} - p_{12} = p_{12}\left(\frac{(p_{21}^{\mathrm{r}} + \lambda/p_{12})(1 - \Gamma)}{p_{12}p_{21}^{\mathrm{r}} + \lambda + \delta((1 - p_{12})(1 - p_{21}^{\mathrm{r}}) + \lambda)} - 1\right)$$

$$= p_{12}\left(\frac{p_{21}^{\mathrm{r}} + \lambda/p_{12}}{p_{12}p_{21}^{\mathrm{r}} + \lambda + \delta((1 - p_{12})(1 - p_{21}^{\mathrm{r}}) + \lambda)} - 1 - \Gamma\Delta\right)$$

$$= p_{12}\left(\frac{((1 + \delta)p_{21}^{\mathrm{r}} - \delta)(1 - p_{12}) + \lambda(1/p_{12} - 1 + \delta)}{p_{12}p_{21}^{\mathrm{r}} + \lambda + \delta((1 - p_{12})(1 - p_{21}^{\mathrm{r}}) + \lambda)} - \Gamma\Delta\right)$$

其中 $\Delta = \dfrac{p_{21}^r + \lambda/p_{12}}{p_{12}p_{21}^r + \lambda + \delta((1-p_{12})(1-p_{21}^r)+\lambda)}$。

理想情况下，$\gamma = 0$，由此可以得到 $\Gamma = 0$。如果 $p_{21}^r > \dfrac{\delta}{1+\delta}$，对偶学习会输出比标准翻译器更好的翻译器。该条件很容易满足，因为 δ 通常很小。Γ 和结果负相关，这和 γ 应被最小化的直觉一致。

10.3.3 多域对偶学习

定理 10.12 表明，在一定的假设条件下，p_{ij} 和 p_{ji}^r 对改善 p_{ij}^d 有着积极作用。一个很自然的问题是，利用多种语言是否可以获得更大的改进。因此，Zhao 等人 [20] 通过利用多种语言将对偶学习拓展到多域对偶学习。

多域对偶学习的核心思想如图 10.2 所示，其中 L_1 和 L_2 代表源语言和目标语言，$L_3, \cdots, L_k$ 代表辅助语言。多域对偶学习首先利用标准对偶学习训练多个翻译器：$L_1 \leftrightarrow L_2$，$L_1 \leftrightarrow L_k$，$L_2 \leftrightarrow L_k$，$k \geqslant 3$。之后，L_2 中的句子应该经过回路 $L_2 \to L_k \to L_1 \to L_2$ 被重构，L_1 中的句子可以经过回路 $L_1 \to L_2 \to L_k \to L_1$ 重构。也就是说，多域对偶学习引入了另一个约束，$L_1 \to L_2$ 的翻译可以利用与域 L_k 相关的信息。算法细节见算法 10，其中翻译器 T_{ij} 的参数记为 θ_{ij}。

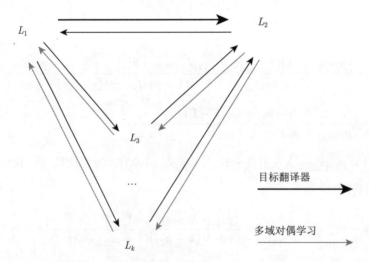

图 10.2 多域对偶学习，$L_1 \to L_2$ 是我们关注的任务，$L_2 \to L_1 \to L_2$ 是涉及两个域的对偶环，$L_2 \to L_3 \to L_1 \to L_2$ 是涉及多个域的对偶环

Zhao 等人 [20] 从理论上分析了多域对偶学习，并且以三种语言为例证明了在一定的假设条件下，多域对偶学习的效果比标准对偶学习好。这里省略其中的细节。

算法 10   多域半监督对偶学习算法

要求: $L_1, \cdots, L_k$ 中的样本,初始翻译器 T_{12}、T_{21} 和 T_{1i}、T_{i1}, $\forall i = 3, \cdots, K$,学习率 η

1: 在有标数据和无标数据上,经过标准对偶学习训练 T_{12}、T_{21} 和 T_{1i}、T_{i1}, $\forall i = 3, \cdots, k$

2: **repeat**

3:     从 $\{3, 4, \cdots, K\}$ 中随机采样 k,随机从 L_1 采样 $x^{(1)}$,随机从 L_2 采样 $x^{(2)}$

4:     通过 $T_{k2}(T_{1k}(x^{(1)}))$ 产生 $\tilde{x}^{(2)}$,通过 $T_{k1}(T_{2k}(x^{(2)}))$ 产生 $\tilde{x}^{(1)}$

5:     按照下述法则,更新 T_{12} 和 T_{21} 的参数 $\boldsymbol{\theta}_{12}$ 和 $\boldsymbol{\theta}_{21}$:

$$\boldsymbol{\theta}_{12} \leftarrow \boldsymbol{\theta}_{12} + \eta \nabla_{\boldsymbol{\theta}_{12}} \ln \Pr(x^{(2)}|\tilde{x}^{(1)}; \boldsymbol{\theta}_{12})$$

$$\boldsymbol{\theta}_{21} \leftarrow \boldsymbol{\theta}_{21} + \eta \nabla_{\boldsymbol{\theta}_{21}} \ln \Pr(x^{(1)}|\tilde{x}^{(2)}; \boldsymbol{\theta}_{21}) \tag{10.16}$$

6: **until** 收敛

参考文献

[1] Albertini, F., Sontag, E. D., & Maillot, V. (1993). Uniqueness of weights for neural networks. *Artificial Neural Networks for Speech and Vision,* 115-125.

[2] Artetxe, M., Labaka, G., Agirre, E., & Cho, K. (2018). Unsupervised neural machine translation. In *6th International Conference on Learning Representations.*

[3] Bartlett, P. L., & Mendelson, S. (2002). Rademacher and gaussian complexities: Risk bounds and structural results. *Journal of Machine Learning Research, 3*(Nov), 463-482.

[4] Dosovitskiy, A., & Brox, T. (2016). Inverting visual representations with convolutional networks. In *Proceedings of the IEEE Conference on Computer Vision and Pattern Recognition* (pp. 4829-4837).

[5] Fefferman, C., & Markel, S. (1994). Recovering a feed-forward net from its output. In *Advances in Neural Information Processing Systems* (pp. 335-342).

[6] Galanti, T., Wolf, L., & Benaim, S. (2018). The role of minimal complexity functions in unsupervised learning of semantic mappings. In *ICLR 2018: International Conference on Learning Representations 2018.*

[7] Goodfellow, I., Pouget-Abadie, J.,Mirza, M., Xu, B.,Warde-Farley, D., Ozair, S., et al. (2014). Generative adversarial nets. In *Advances in Neural Information Processing Systems* (pp. 2672-2680).

[8] He, D., Xia, Y., Qin, T., Wang, L., Yu, N., Liu, T.-Y., et al. (2016). Dual learning for machine translation. In *Advances in Neural Information Processing Systems* (pp. 820-828).

[9] Kim, T., Cha, M., Kim, H., Lee, J. K., & Kim, J. (2017). Learning to discover cross-domain relations with generative adversarial networks. In *Proceedings of the 34th International Conference on Machine Learning-Volume 70* (pp. 1857-1865). JMLR.org.

[10] Kurková, V., & Kainen, P. C. (2014). Comparing fixed and variable-width gaussian networks. *Neural Networks, 57,* 23-28.

[11] Lample, G., Conneau, A., Denoyer, L., & Ranzato, M. (2018). Unsupervised machine translation using monolingual corpora only. In *6th International Conference on Learning Representations, ICLR 2018.*

[12] Lin, J., Xia, Y., Qin, T., Chen, Z., & Liu, T.-Y. (2018). Conditional image-to-image translation. In *Proceedings of the IEEE Conference on Computer Vision and Pattern Recognition* (pp. 5524-5532).

[13] Sun, Y., Tang, D., Duan, N., Qin, T., Liu, S., Yan, Z., et al. (2019). Joint learning of question answering and question generation. *IEEE Transactions on Knowledge and Data Engineering.*

[14] Sussmann, H. J. (1992). Uniqueness of the weights for minimal feedforward nets with a given input-output map. *Neural Networks, 5*(4), 589-593.

[15] Vapnik, V. N., & Chervonenkis, A. Ya. (1971). On the uniform convergence of relative frequencies of events to their probabilities. *Theory of Probability & Its Applications, 16*(2), 264-280.

[16] Williamson, R. C., & Helmke, U. (1995). Existence and uniqueness results for neural network approximations. *IEEE Transactions on Neural Networks, 6*(1), 2-13.

[17] Xia, Y., Bian, J., Qin, T., Yu, N., & Liu, T.-Y. (2017). Dual inference for machine learning. In *Proceedings of the 26th International Joint Conference on Artificial Intelligence* (pp. 3112-3118).

[18] Xia, Y,. Qin, T., Chen, W., Bian, J., Yu, N., & Liu, T.-Y. (2017). Dual supervised learning. In *Proceedings of the 34th International Conference on Machine Learning-Volume 70* (pp. 3789-3798). JMLR.org.

[19] Yi, Z., Zhang, H., Tan, P., & Gong,M. (2017). Dualgan: Unsupervised dual learning for imageto- image translation. In *Proceedings of the IEEE International Conference on Computer Vision* (pp. 2849-2857).

[20] Zhao, Z., Xia, Y., Qin, T., Xia, L., & Liu, T.-Y. (2020). Dual learning: Theoretical study and an algorithmic extension.

[21] Zhou, D.-X. (2002). The covering number in learning theory. *Journal of Complexity, 18*(3), 739-767.

[22] Zhu, J.-Y., Park, T., Isola, P., & Efros, A. A. (2017). Unpaired image-to-image translation using cycle-consistent adversarial networks. In *Proceedings of the IEEE International Conference on Computer Vision* (pp. 2223-2232).

第 11 章

对偶学习和其他学习范式的联系

正如我们在本书中讨论的，对偶学习的关键是利用机器学习任务之间的结构对偶性来提升学习算法。当对偶学习置于不同的环境时，它可能看起来与其他相关的机器学习算法或范式相似。本章将讨论对偶学习与其他学习算法和范式的联系和区别，其他学习范式包括协同训练、多任务学习、GAN 和自编码器、贝叶斯阴阳学习等（Bayesian Ying-Yang learning）。

11.1 对偶半监督学习和协同训练

协同训练 [1,13] 是一种半监督学习算法，适用于有较少有标数据和大量无标数据的情况。协同训练要求输入数据应该有两个视角，并假设每一个视角对应一个特征集。两个特征集不相交且能够为样本提供互补的信息。

- 数据的两个视角条件独立，这意味着数据样本的特征可以被划分为两个独立的子集。当数据标签给定时，两个子集条件独立。
- 每个视角都能够提供足够的信息进行决策，这意味着每一个视角（特征子集）都可以准确地预测类别标签。

协同训练首先对每一个视角利用全部有标数据学习一个分类器。对于每一个无标签样本，我们用两个分类器中置信度较高的结果作为它的伪标签，并迭代地扩充数据进而提升分类器分类效果。

对偶半监督学习和协同训练都是半监督学习算法，旨在根据有标数据和无标数据进行学习。它们的相同点在于，二者都使用两个模型并且两个模型互相促进。然而，它们也有如下不同点。

第一，最大的不同点在于对偶半监督学习使用了两个异构的模型，而协同训练使用两个同构的模型。在对偶半监督学习中，原始模型能够实现从 $\mathcal{X}$ 空间到 $\mathcal{Y}$ 空间的映射，而对偶模型能够实现从 $\mathcal{Y}$ 到 $\mathcal{X}$ 的映射。在协同训练中，两个分类器都是从 $\mathcal{X}$ 空间到 $\mathcal{Y}$ 空间的映射。

第二，它们的应用范畴存在差异。协同训练主要适用于分类任务。除了分类任务，对偶半监督学习还适用于更复杂的任务，包括：（1）序列生成任务（例如机器翻译 [5,21]、语音合成和识别 [15,27]、问题回答和问题生成）；（2）图像和视频生成任务 [8,11,28,33]。

第三，由于协同训练是在深度学习繁荣发展之前被提出的，它主要基于标准的浅层机器学习模型。对偶半监督学习基于深度神经网络，因为它的主要研究动机是为了解决深度网络中数据不足的问题。

第四，协同训练需要特征集独立以及每个独立集合都需要有足够的表达能力的假设。这是很强的假设。Krogel 和 Scheffer[10] 的研究表明，协同训练只有在进行分类的数据集独立的情况下才能有帮助。对偶半监督学习不需要这种假设。

最后，协同训练的有效性需要一些微妙的条件作为保证。

- 只有当其中一个分类器正确地标记了另一个分类器先前错分的一段无标数据时，协同训练才能发挥作用。遗憾的是，当两个分类器预测不一致时，我们很难确定究竟是哪个分类器对无标样本做出了正确的判断。

- 当两个分类器对所有的无标数据都做出一致的判断时，即它们不是独立的，标记额外数据并不会引入更多的信息。当协同训练应用于功能基因组学 [10] 时，它反而使结果变差，因为两个分类器的依赖性超过了 60%。

在对偶半监督学习中，即使原始模型和对偶模型都没给出正确的预测，它仍然能通过对偶重构误差给出反馈信号，以改进模型。此外，由于两个模型是异构的，它们不会在无标数据上出现大量的一致性。原始模型利用 $\mathcal{X}$ 空间的无标数据，对偶模型利用 $\mathcal{Y}$ 空间的无标数据。我们不需要担心两个模型的独立性。

11.2　对偶学习和多任务学习

多任务学习 [2] 是机器学习一个重要分支。它旨在将多个任务联合训练，来探索任务的共同点和差异性。和单独训练每个模型相比，多任务学习能够提高效率和准确率。多任务学习在多个领域，例如自然语言处理 [3,12]、计算机视觉 [30] 中都取得了进展，并且在浅层模型 [4] 和深度模型 [17] 上都得到了探索。

考虑到对偶学习（包括对偶半监督学习、对偶无监督学习和对偶有监督学习）联合学习原始和对偶模型，它是一种特殊的多任务学习。对偶学习和标准多任务学习的区别在于，对偶学习中的两个任务具备结构对偶性，而标准多任务学习中的多个任务共享输入空间但每个任务有独立的输出空间。例如，文献 [3] 考虑了六个自然语言处理任务，包括词性标注、组块、命名实体识别、语义角色标注、语言建模和语义相关词分类。上述任务都以自然语言作为输入。

11.3　对偶学习、GAN 和自编码器

如 5.1 节所述，GAN 引入判别器来辅助生成器的训练：判别器的目的是区分输入的样本是真实样本还是机器产生的，生成器的目标是让判别器无法做出准确的判断，并且尽可能最大化判别器的错误率，如图 11.1 所示。

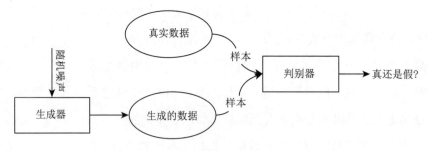

图 11.1　GAN 的基本思想

自编码器是一种用于表示学习的神经网络。自编码器的训练不需要有标数据。它的目的是获得一组输入数据的表示，通常是降维后的表示。通过自编码器的训练，我们希望降维后的输出是去除噪声或者无关信息的信息。如图 11.2 所示，自编码器用编码器–解码器结构学习，输入和输出是一样的。编码器将输入映射为隐藏表示，解码器将隐藏表示还原为原始的输入。有多种技术可以保障自编码器不是简单地学到恒同映射而忽略了语义信息，例如稀疏自编码器 [14]、去噪自编码器 [19]、收缩自编码器 [16] 和变

分自编码器 [9]。

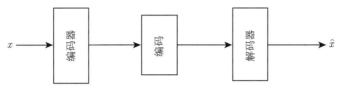

图 11.2　自编码器基本架构

从上层的思想来看，对偶学习和自编码器、生成对抗网络（GAN）很相似。它们都涉及两个模型的联合训练。对偶学习和 GAN 以及自编码器有以下不同点。

首先，对偶学习和自编码器中的两个模型是合作的：两者互相协作以最小化对偶重构误差，从而获得更高的模型精度。然而，GAN 中两个模块（生成器和判别器）是竞争关系，它们的优化目标截然相反。

其次，虽然对偶学习和自编码器都使用重构目标，但对偶学习可以利用更广泛的结构对偶性，例如联合概率准则（见第 7~8 章），以及边缘概率准则（见第 9 章）。

最后，在对偶学习中，两个模型都对应真实的应用任务。训练结束后，两个模型都可以被应用。在 GAN 中，判别器的作用是辅助训练，只有生成器会被应用。类似地，在自编码器中，只有编码器会被应用，解码器的目的是给数据提供完备的表示。

11.4　对偶有监督学习和贝叶斯阴阳学习

和对偶有监督学习相关的一个概念是贝叶斯阴阳（Bayesian Ying-Yang，BYY）学习或阴阳机（Ying-Yang machine）[24-25]。它是给域 X 和域 R 之间建立两个连系通路的学习系统，其中 X 是外部观察到的域，R 是内部表示的域。在 BYY 中，域 R 和通路 $R \to X$ 的阴（Ying）系统建模，另一个子系统是阳 (Yang) 系统，负责建模域 R 和通路 $X \to R$。

对偶有监督学习和 BYY 都利用了前向和反向映射。在对偶学习中，两个映射叫作原始模型和对偶模型。在 BYY 学习中，它们被称为阴阳子系统。一个细微的区别在于，在对偶有监督学习中，原始模型只考虑条件分布 $p(Y|X)$，对偶模型只考虑条件分布 $q(X|Y)$；在 BYY 学习中，阳系统包括刻画 X 的信息的边缘分布 $P(X)$，以及刻画通路 $X \to R$ 的信息的条件分布 $p(R|X)$。类似地，阴系统包括刻画 R 域的信息的边缘分布 $q(R)$，以及刻画通路信息的 $q(X|R)$。

对偶有监督学习刻画的是 (X, Y) 上联合分布的硬约束：

$$p(X)p(Y|X) = q(Y)q(X|Y)$$

该约束被转化为训练目标：

$$[\log p(X) + \log p(Y|X) - \log q(Y) - \log q(X|Y)]^2$$

在贝叶斯阴阳学习中，阴阳调和理论旨在最大化下述和谐度：

$$H(p||q) = \int p(R|x)p(X)\ln[q(X|R)q(R)]\mathrm{d}X\mathrm{d}R \tag{11.1}$$

考虑到 BYY 主要考虑连续空间中的 X 和 R，上述阴阳调和理论需要在 X 空间和 R 空间进行积分。对偶学习涵盖了连续或者离散的 X 和 Y，并且约束可直接应用在每个样本上，不需要额外积分操作。

BYY 学习是在深度学习时代之前提出的 [22]，因此之前相关的研究主要集中在利用浅层模型的经典机器学习模型，例如高斯混合模型 [23]、广义线性矩阵系统 [26] 等。相比之下，对偶学习主要建立在深度神经网络上，并且研究的是一些更复杂的场景，例如机器翻译、图像翻译、语音合成和识别、问题回答和问题生成、图像分类和生成等。

11.5　对偶重构及相关概念

对偶重构准则旨在利用前向模型和反向模型协同作用重构出输入样本。它与在不同名称下的个别应用中研究的几个概念有关。

前向–反向一致性 [7,18] 和对偶重构有着相似的思想，旨在强化点跟踪。点跟踪是一种计算机视觉任务，目的是根据 t 时刻的点坐标预测 $t + 1$ 时刻的坐标。实际中，如果点的外观显著改变或从相机视图中消失时，跟踪任务可能会失败。Kalal 等人 [7] 提出利用前向–反向一致性来检测跟踪任务失败与否。算法总共包括三步：（1）追踪模型产生一条实时的前向轨迹；（2）反向模型从最后一帧开始产生一条反向轨迹；（3）如果前向轨迹和反向轨迹显著不一致，那么我们认为前向轨迹跟踪失败。

Zach 等人 [29] 利用在假设的视觉关系中观察到的冗余和由关系引起的图中循环的链可逆变换来构建合适的统计数据，以消除图中的歧义视觉关系。作者将这种关系叫作**闭环约束**。

循环一致性已在多种问题中进行了研究，包括形状匹配 [6]、图像协同分割 [20]、图像对齐 [31-32]、图像翻译 [33] 等，详见 5.3.2 节。

不难看出，对偶重构准则和基于一致性的准则有相同的思想。除此之外，结构对偶性还包括联合概率准则和边缘概率准则，这些都在对偶学习中有所探究。我们相信这两个准则也对计算机视觉任务有所帮助。

参考文献

[1] Blum, A., & Mitchell, T. (1998). Combining labeled and unlabeled data with co-training. In *Proceedings of the Eleventh Annual Conference on Computational Learning Theory* (pp. 92-100).

[2] Caruana, R. (1997). Multitask learning. *Machine Learning, 28*(1), 41-75.

[3] Collobert, R., & Weston, J. (2008). A unified architecture for natural language processing: Deep neural networks with multitask learning. In *Proceedings of the 25th International Conference on Machine Learning* (pp. 160-167).

[4] Evgeniou, T., & Pontil, M. (2004). Regularized multi-task learning. In *Proceedings of the Tenth ACM SIGKDD International Conference on Knowledge Discovery and Data Mining* (pp. 109-117).

[5] He, D., Xia, Y., Qin, T., Wang, L., Yu, N., Liu, T.-Y., et al. (2016). Dual learning for machine translation. In *Advances in Neural Information Processing Systems* (pp. 820-828).

[6] Huang, Q.-X., & Guibas, L. (2013). Consistent shape maps via semidefinite programming. In *Computer Graphics Forum* (vol. 32, pp. 177-186). Wiley Online Library.

[7] Kalal, Z., Mikolajczyk, K., & Matas, J. (2010). Forward-backward error: Automatic detection of tracking failures. In *2010 20th International Conference on Pattern Recognition* (pp. 2756-2759). IEEE.

[8] Kim, T., Cha, M., Kim, H., Lee, J. K., & Kim, J. (2017). Learning to discover cross-domain relations with generative adversarial networks. In *Proceedings of the 34th International Conference on Machine Learning-Volume 70* (pp. 1857-1865). JMLR.org.

[9] Kingma, D. P., & Welling, M. (2013). Auto-encoding variational bayes. Preprint. arXiv:1312.6114.

[10] Krogel, M.-A., & Scheffer, T. (2004). Multi-relational learning, text mining, and semisupervised learning for functional genomics. *Machine Learning, 57*(1-2), 61-81.

[11] Lin, J., Xia, Y., Qin, T., Chen, Z., & Liu, T.-Y. (2018). Conditional image-to-image translation. In *Proceedings of the IEEE Conference on Computer Vision and Pattern Recognition* (pp. 5524-5532).

[12] Liu, P., Qiu, X., & Huang, X. (2016). Recurrent neural network for text classification with multi-task learning. In *Proceedings of the Twenty-Fifth International Joint Conference on Artificial Intelligence* (pp. 2873-2879).

[13] Nigam, K., & Ghani, R. (2000). Analyzing the effectiveness and applicability of cotraining. In *Proceedings of the Ninth International Conference on Information and Knowledge Management* (pp. 86-93).

[14] Ranzato, M., Boureau, Y.-L., & Cun, Y. L. (2008). Sparse feature learning for deep belief networks. In *Advances in Neural Information Processing Systems* (pp. 1185-1192).

[15] Ren, Y., Tan, X., Qin, T., Zhao, S., Zhao, Z., & Liu, T.-Y. (2019). Almost unsupervised text to speech and automatic speech recognition. In *International Conference on Machine Learning* (pp. 5410-5419).

[16] Rifai, S., Vincent, P., Muller, X., Glorot, X., & Bengio, Y. (2011). Contractive autoencoders: explicit invariance during feature extraction. In *Proceedings of the 28th International Conference on International Conference on Machine Learning* (pp. 833-840).

[17] Ruder, S. (2017). An overview of multi-task learning in deep neural networks. Preprint. arXiv:1706.05098.

[18] Sundaram, N., Brox, T., & Keutzer, K. (2010). Dense point trajectories by gpu-accelerated large displacement optical flow. In *European Conference on Computer Vision* (pp. 438-451). Springer.

[19] Vincent, P., Larochelle, H., Lajoie, I., Bengio, Y., &Manzagol, P.-A. (2010). Stacked denoising autoencoders: Learning useful representations in a deep network with a local denoising criterion. *Journal of Machine Learning Research, 11*(Dec), 3371-3408.

[20] Wang, F., Huang, Q., & Guibas, L. J. (2013). Image co-segmentation via consistent functional maps. In *Proceedings of the IEEE International Conference on Computer Vision* (pp. 849-856).

[21] Wang, Y., Xia, Y., He, T., Tian, F., Qin, T., Zhai, C. X., et al. (2019). Multi-agent dual learning. In *7th International Conference on Learning Representations, ICLR 2019*.

[22] Xu, L. (1995). Bayesian-kullback coupled ying-yang machines: Unified learnings and new results on vector quantization. In *Proceedings of ICONIP95, Oct 30-Nov 3, 1995, Beijing, China, 1995* (pp. 977-988).

[23] Xu, L. (1998). Rbf nets, mixture experts, and bayesian ying–yang learning. *Neurocomputing, 19*(1-3), 223-257.

[24] Xu, L. (2004). Bayesian ying yang learning (i): a unified perspective for statistical modeling. In *Intelligent Technologies for Information Analysis* (pp. 615-659). Springer.

[25] Xu, L. (2004). Bayesian ying yang learning (ii): A new mechanism for model selection and regularization. In *Intelligent Technologies for Information Analysis* (pp. 661-706). Springer.

[26] Xu, L. (2015). Further advances on bayesian ying-yang harmony learning. In *Applied Informatics* (vol. 2, p. 5). Springer.

[27] Xu, J., Tan, X., Ren, Y., Qin, T., Li, J., Zhao, S., et al. (2020). Lrspeech: Extremely low-resource speech synthesis and recognition. In *Proceedings of the 26th Acm Sigkdd International Conference on Knowledge Discovery and Data Mining.*

[28] Yi, Z., Zhang, H., Tan, P., & Gong,M. (2017). Dualgan: Unsupervised dual learning for imageto- image translation. In *Proceedings of the IEEE International Conference on Computer Vision* (pp. 2849-2857).

[29] Zach, C., Klopschitz, M., & Pollefeys, M. (2010). Disambiguating visual relations using loop constraints. In *2010 IEEE Computer Society Conference on Computer Vision and Pattern Recognition* (pp. 1426-1433). IEEE.

[30] Zhang, Z., Luo, P., Loy, C. C., & Tang, X. (2014). Facial landmark detection by deep multi-task learning. In *European Conference on Computer Vision* (pp. 94-108). Springer.

[31] Zhou, T., Jae Lee, Y., Yu, S. X., & Efros, A. A. (2015). Flowweb: Joint image set alignment by weaving consistent, pixel-wise correspondences. In *Proceedings of the IEEE Conference on Computer Vision and Pattern Recognition* (pp. 1191-1200).

[32] Zhou, T., Krahenbuhl, P., Aubry, M., Huang, Q., & Efros, A. A. (2016). Learning dense correspondence via 3d-guided cycle consistency. In *Proceedings of the IEEE Conference on Computer Vision and Pattern Recognition* (pp. 117-126).

[33] Zhu, J.-Y., Park, T., Isola, P., & Efros, A. A. (2017). Unpaired image-to-image translation using cycle-consistent adversarial networks. In *Proceedings of the IEEE International Conference on Computer Vision* (pp. 2223-2232).

05

第五部分

总结和展望

这是本书的最后一部分，将简要总结对偶学习目前的研究进展，并展望若干未来研究方向。

第 12 章

总结和展望

本章首先总结全书内容并对对偶学习进行归类，然后讨论未来可能的研究方向，包括将对偶学习应用到不同的背景下，提升训练效率，以及建立更深刻和更广泛的理论体系。

本书内容是对对偶学习热门研究领域的阶段性总结。由于这一领域的飞速发展，我们可以预见在未来会有更多新应用以及更详实的理论。通过此书，我们希望鼓励更多研究人员加入对偶学习的研究中，共同为机器学习和人工智能领域做出有影响力的贡献。同时，我们也希望本书能够为工业界的实践者提供新的思路，从而更好地解决实际问题。

12.1 总结

本书描绘了对偶学习的概况，包括基本准则、不同的研究背景以及多种不同的应用。

机器学习任务的结构对偶性的利用，主要有两种准则：

- 对偶重构准则 (见 4.2 节)：原始模型 f 和对偶模型 g 顺序处理输入 x 后，应该能够重构出 x，即 $x = g(f(x))$。类似地，输入 y 经 g 和 f 处理后也应该能被重构，即 $y = f(g(y))$。半监督和无监督对偶学习主要依赖这一准则。

- 概率准则旨在建立原始模型和对偶模型之间的概率关系，主要存在两种准则。第一种是联合概率准则（见 7.1 节）。在数据对 (x, y) 上，由原始模型计算的联合概率和对偶模型计算的应该一致：

$$P(x, y) = P(x)P(y|x; f) = P(y)P(x|y; g)$$

第二种是边缘概率准则（见 9.1 节），主要依据 y 的边缘概率分布的多种计算方式应保持一致：

$$P(y) = \mathbb{E}_{x \sim P(x)} P(y|x; f) = \mathbb{E}_{x \sim P(x|y; g)} P(y|x; f) \frac{P(x)}{P(x|y; g)}$$

联合概率准则主要用于有监督学习和测试过程，边缘概率准则主要依赖无标数据进行学习。

我们介绍了四种对偶学习：

- 对偶半监督学习 (4.3 节、4.5 节、第 6 章、第 9 章) 同时使用有标数据和无标数据进行对偶学习。
- 对偶无监督学习（4.4 节、第 5 章) 仅使用无标数据进行训练。
- 对偶有监督学习（第 7 章）仅使用有标数据进行训练。
- 对偶推断（第 8 章）利用结构对偶性进行推断/测试。

对偶学习在多种任务中得到了广泛的研究，任务涵盖机器翻译、图像翻译、语音合成、问题回答和问题生成、代码摘要和代码生成、图像分类和生成、文本摘要以及情感分析等。

为了给出对偶学习研究的大致总结，我们将对偶学习的代表性研究根据准则、学习背景和应用进行划分，如图 12.1 所示。

12.2 未来研究方向

尽管对偶学习已在多种机器学习环境下进行了研究，并且应用到了许多领域，对偶学习仍然有很多方向值得探索。

12.2.1 更多的学习环境和应用

对偶学习在有监督学习、无监督学习、半监督学习和推断环境下都有一定的研究。我们相信对偶学习可以进一步改进其他环境下的机器学习，在此给出几个例子。

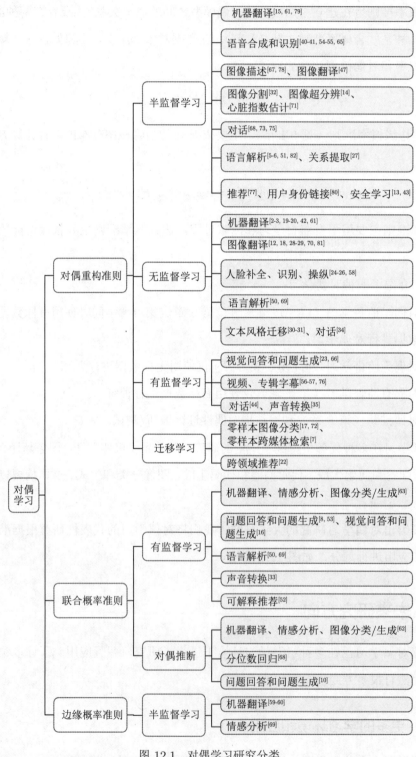

图 12.1 对偶学习研究分类

- 对偶学习最初的研究动机 [15] 是解决机器学习（特别是深度学习）中数据不足的问题，以及如何更好地利用无标数据的问题。利用无标数据的方法有很多，例如自监督学习 [37-38,49,73] 和预训练⊖ [9,11,39,48]。我们观察到，结构对偶性并没有被应用到上述算法。我们相信，将对偶学习和自监督学习结合起来将是有趣的研究方向。

- 强化学习，特别是深度强化学习，在游戏中取得了惊人的成果 [25,45-46]。尽管很多对偶学习利用了强化学习的算法（例如，文献 [15,40] 利用策略梯度下降进行模型训练），但是对偶学习并没有被应用于强化学习任务。探究哪种对偶性以及哪种准则适合强化学习，是另一个很有前途的研究方向。

结构对偶性在现实应用中很常见，而且对偶学习的基本准则很普遍。尽管对偶学习已经在多个应用中得到了验证，它的潜能仍然没有被充分挖掘。我们相信对偶学习会在更多应用中发挥重要作用并产生更大的影响力。

12.2.2 提升训练效率

现阶段的对偶学习算法（无论是使用有标数据还是无标数据）主要目的都是提升模型准确率。准确率的提升往往是以计算量和计算时间的增加为代价的，具体表现为使用更多的无标数据，同时训练两个模型（原始模型和对偶模型）。如何减小训练代价，至少不增加额外代价并且提升准确率，是对偶学习的挑战。

一个备选方案是模型参数共享，即让原始模型和对偶模型共享部分或全部参数 [64]。直观上，利用参数共享可以减少原始和对偶模型中的参数，因此模型需要更少的训练数据和训练时间就可以达到收敛状态。文献 [64] 仍关注模型准确率，但我们觉得模型参数共享是提升训练效率的很有前景的方案。

更进一步考虑，另一个备选方案是使用一个精心设计的模型同时完成原始任务和对偶任务。考虑到机器翻译任务的对称性（例如，输入输出都是序列，编码器和解码器网络架构相同），文献 [36] 已经从机器翻译的角度沿此方向开展了研究。对于更广泛的机器学习任务（例如，图像分类），输入输出通常具有不同的形式。我们需要设计新的网络架构，例如，一种特殊的网络——可逆神经网络（Invertible Neural Network, INN）[1,4]，它非常适合这个目的。经典的分类神经网络只关注前向映射，也就是从 $x \in \mathcal{X}$

⊖　预训练也可以被视作一种特殊的自监督学习。

到 $y \in \mathcal{Y}$ 的映射，和目标 y 不相关的信息都被丢弃。相比之下，INN 关注前向过程，同时使用额外的隐输出变量捕获信息。由于可逆性，模型的逆过程被隐式地学习了。利用可逆网络，我们期望能获得更高的训练效率。

12.2.3　理论研究

人们已提出了多种对偶学习算法，但目前尚缺乏有效的理论解释。据我们所知，只有少数研究开展/涉及了理论研究 [12,62-63,80]，但是对对偶学习的理论解读并不完美。

- 文献 [63] 和 [62] 中的理论研究只简单利用了传统机器学习理论研究的结果，并没有给对偶学习带来更多的新思想。

- 文献 [12] 对无监督图像翻译的分析严重依赖简单性假设。该假设没有经过理论证明，并且如 10.3 节讨论的，该假设在许多实际应用中并不成立。

- 文献 [80] 对机器翻译中对偶半监督学习的分析并没有引入过多假设，其结果过于复杂（见定理 10.12）。我们很难判断类似的分析是否可以应用到其他场景。

因此，为了更深入地了解对偶学习，我们需要在理论研究方面付出更多的努力。原则上，我们希望弱化假设，并获得更具普遍性和启发性的结果，使更多的机器学习环境和应用场景都能够被很好地解释。

参考文献

[1] Ardizzone, L., Kruse, J., Rother, C., & Köthe, U. (2018). Analyzing inverse problems with invertible neural networks. In *International Conference on Learning Representations*.

[2] Artetxe, M., Labaka, G., Agirre, E., & Cho, K. (2018). Unsupervised neural machine translation. In *6th International Conference on Learning Representations*.

[3] Bai, X., Zhang, Y., Cao, H., & Zhao, T. (2019). Duality regularization for unsupervised bilingual lexicon induction. Preprint. arXiv:1909.01013.

[4] Behrmann, J., Grathwohl, W., Chen, R. T. Q., Duvenaud, D., & Jacobsen, J.-H. (2019). Invertible residual networks. In *International Conference on Machine Learning* (pp. 573-582).

[5] Cao, R., Zhu, S., Liu, C., Li, J., & Yu, K. (2019). Semantic parsing with dual learning. In *Proceedings of the 57th Annual Meeting of the Association for Computational Linguistics* (pp. 51-64).

[6]　Cao, R., Zhu, S., Yang, C., Liu, C., Ma, R., Zhao, Y., et al. (2020). Unsupervised dual paraphrasing for two-stage semantic parsing. Preprint. arXiv:2005.13485.

[7]　Chi, J., & Peng, Y. (2019). Zero-shot cross-media embedding learning with dual adversarial distribution network. *IEEE Transactions on Circuits and Systems for Video Technology, 30*(4), 1173-1187.

[8]　Cui, S., Lian, R., Jiang, D., Song, Y., Bao, S., & Jiang, Y. (2019). Dal: Dual adversarial learning for dialogue generation. In *Proceedings of the Workshop on Methods for Optimizing and Evaluating Neural Language Generation* (pp. 11-20).

[9]　Devlin, J., Chang, M.-W., Lee, K., & Toutanova, K. (2019). Bert: Pre-training of deep bidirectional transformers for language understanding. In *NAACL-HLT (1)*.

[10]　Duan, N., Tang, D., Chen, P., & Zhou, M. (2017). Question generation for question answering. In *Proceedings of the 2017 Conference on Empirical Methods in Natural Language Processing* (pp. 866-874).

[11]　Erhan, D., Courville, A., Bengio, Y., & Vincent, P. (2010). Why does unsupervised pre-training help deep learning? In *Proceedings of the Thirteenth International Conference on Artificial Intelligence and Statistics* (pp. 201-208).

[12]　Galanti, T., Wolf, L., & Benaim, S. (2018). The role of minimal complexity functions in unsupervised learning of semantic mappings. In *ICLR 2018: International Conference on Learning Representations 2018*.

[13]　Gan, H., Li, Z., Fan, Y. & Luo, Z. (2017). Dual learning-based safe semi-supervised learning. *IEEE Access, 6,* 2615-2621.

[14]　Guo, Y., Chen, J., Wang, J., Chen, Q., Cao, J., Deng, Z., et al. (2020). Closed-loop matters: Dual regression networks for single image super-resolution. In *Proceedings of the IEEE/CVF Conference on Computer Vision and Pattern Recognition* (pp. 5407-5416).

[15]　He, D., Xia, Y., Qin, T., Wang, L., Yu, N., Liu, T.-Y., et al. (2016). Dual learning for machine translation. In *Advances in Neural Information Processing Systems* (pp. 820-828).

[16]　He, S., Han, C., Han, G., & Qin, J. (2019). Exploring duality in visual question-driven topdown saliency. *IEEE Transactions on Neural Networks and Learning Systems*.

[17]　Huang, H., Wang, C., Yu, P. S., & Wang, C.-D. (2019). Generative dual adversarial network for generalized zero-shot learning. In *Proceedings of the IEEE conference on Computer Vision and Pattern Recognition* (pp. 801-810).

[18]　Kim, T., Cha, M., Kim, H., Lee, J. K., & Kim, J. (2017). Learning to discover cross-domain relations with generative adversarial networks. In *Proceedings of the 34th International Conference on Machine Learning-Volume 70* (pp. 1857-1865). JMLR.org.

[19] Lample, G., Conneau, A., Denoyer, L., & Ranzato, M. (2018). Unsupervised machine translation using monolingual corpora only. In *6th International Conference on Learning Representations, ICLR 2018*.

[20] Lample, G., Ott, M., Conneau, A., Denoyer, L., & Ranzato, M. (2018). Phrase-based & neural unsupervised machine translation. In *Proceedings of the 2018 Conference on Empirical Methods in Natural Language Processing, Brussels, Belgium, October 31 - November 4, 2018* (pp. 5039-5049).

[21] Li, P., & Tuzhilin, A. (2020). Ddtcdr: Deep dual transfer cross domain recommendation. In *Proceedings of the 13th International Conference on Web Search and Data Mining* (pp. 331-339).

[22] Li, Z., Hu, Y., & He, R. (2017). Learning disentangling and fusing networks for face completion under structured occlusions. Preprint. arXiv:1712.04646.

[23] Li, Y., Duan, N., Zhou, B., Chu, X., Ouyang, W., Wang, X., et al. (2018). Visual question generation as dual task of visual question answering. In *Proceedings of the IEEE Conference on Computer Vision and Pattern Recognition* (pp. 6116-6124).

[24] Li, Z., Hu, Y., Zhang, M., Xu, M., & He, R. (2018). Protecting your faces: Meshfaces generation and removal via high-order relation-preserving cyclegan. In *2018 International Conference on Biometrics (ICB)* (pp. 61-68). IEEE.

[25] Li, J., Koyamada, S., Ye, Q., Liu, G., Wang, C., Yang, R., et al. (2020). Suphx: Mastering mahjong with deep reinforcement learning. Preprint. arXiv:2003.13590.

[26] Li, Z., Hu, Y., He, R., & Sun, Z. (2020). Learning disentangling and fusing networks for face completion under structured occlusions. *Pattern Recognition, 99,* 107073.

[27] Lin, J., Xia, Y., Qin, T., Chen, Z., & Liu, T.-Y. (2018). Conditional image-to-image translation. In *Proceedings of the IEEE Conference on Computer Vision and Pattern Recognition* (pp. 5524-5532).

[28] Lin, H., Yan, J., Qu,M., & Ren, X. (2019). Learning dual retrieval module for semi-supervised relation extraction. In *The World Wide Web Conference* (pp. 1073-1083).

[29] Lin, J., Xia, Y., Wang, Y., Qin, T., & Chen, Z. (2019). Image-to-image translation with multi-path consistency regularization. In *Proceedings of the Twenty-Eighth International Joint Conference on Artificial Intelligence* (pp. 2980-2986).

[30] Luo, P., Wang, G., Lin, L., & Wang, X. (2017). Deep dual learning for semantic image segmentation. In *Proceedings of the IEEE International Conference on Computer Vision* (pp. 2718-2726).

[31] Luo, F., Li, P., Yang, P., Zhou, J., Tan, Y., Chang, B., et al. (2019) Towards fine-grained text sentiment transfer. In *Proceedings of the 57th Annual Meeting of the Association for Computational Linguistics* (pp. 2013-2022).

[32] Luo, F., Li, P., Zhou, J., Yang, P., Chang, B., Sun, X., et al. (2019). A dual reinforcement learning framework for unsupervised text style transfer. In *Proceedings of the 28th International Joint Conference on Artificial Intelligence* (pp. 5116-5122). AAAI Press.

[33] Luo, Z., Chen, J., Takiguchi, T., & Ariki, Y. (2019). Emotional voice conversion using dual supervised adversarial networks with continuous wavelet transform f0 features. *IEEE/ACM Transactions on Audio, Speech, and Language Processing, 27*(10), 1535-1548.

[34] Meng, C., Ren, P., Chen, Z., Sun, W., Ren, Z., Tu, Z., et al. (2020). Dukenet: A dual knowledge interaction network for knowledge-grounded conversation. In *Proceedings of the 43rd International ACM SIGIR Conference on Research and Development in Information Retrieval* (pp. 1151-1160).

[35] Miyoshi, H., Saito, Y., Takamichi, S., & Saruwatari, H. (2017). Voice conversion using sequence-to-sequence learning of context posterior probabilities. In *Proc. Interspeech 2017* (pp. 1268-1272).

[36] Niu, X., Denkowski, M., & Carpuat, M. (2018). Bi-directional neural machine translation with synthetic parallel data. In *Proceedings of the 2nd Workshop on Neural Machine Translation and Generation* (pp. 84-91).

[37] Pathak, D., Krahenbuhl, P., Donahue, J., Darrell, T., & Efros, A. A. (2016). Context encoders: Feature learning by inpainting. In *Proceedings of the IEEE Conference on Computer Vision and Pattern Recognition* (pp. 2536-2544).

[38] Pathak, D., Agrawal, P., Efros, A. A., & Darrell, T. (2017). Curiosity-driven exploration by self-supervised prediction. In *Proceedings of the IEEE Conference on Computer Vision and Pattern Recognition Workshops* (pp. 16-17).

[39] Radford, A., Narasimhan, K., Salimans, T., & Sutskever, I. (2018). Improving language understanding by generative pre-training.

[40] Radzikowski, K., Nowak, R., Wang, L., & Yoshie, O. (2019). Dual supervised learning for non-native speech recognition. *EURASIP Journal on Audio, Speech, and Music Processing, 2019*(1), 3.

[41] Ren, Y., Tan, X., Qin, T., Zhao, S., Zhao, Z., & Liu, T.-Y. (2019). Almost unsupervised text to speech and automatic speech recognition. In *International Conference on Machine Learning* (pp. 5410-5419).

[42] Sestorain, L., Ciaramita, M., Buck, C., & Hofmann, T. (2018). Zero-shot dual machine translation. Preprint. arXiv:1805.10338.

[43] She, Q., Zou, J., Luo, Z., Nguyen, T., Li, R., & Zhang, Y. (2020). Multi-class motor imagery eeg classification using collaborative representation-based semi-supervised extreme learning machine. *Medical & Biological Engineering & Computing*, 1-12.

[44] Shen, L., & Feng, Y. (2020). Cdl: Curriculum dual learning for emotion-controllable response generation. Preprint. arXiv:2005.00329.

[45] Silver, D., Huang, A.,Maddison, C. J., Guez, A., Sifre, L., Van Den Driessche, G., et al. (2016). Mastering the game of go with deep neural networks and tree search. *Nature, 529*(7587), 484.

[46] Silver, D., Hubert, T., Schrittwieser, J., Antonoglou, I., Lai, M., Guez, A., et al. (2018). A general reinforcement learning algorithm that masters chess, shogi, and go through self-play. *Science, 362*(6419), 1140-1144.

[47] Song, J., Pang, K., Song, Y.-Z., Xiang, T., & Hospedales, T. M. (2018). Learning to sketch with shortcut cycle consistency. In *Proceedings of the IEEE Conference on Computer Vision and Pattern Recognition* (pp. 801-810).

[48] Song, K., Tan, X., Qin, T., Lu, J., & Liu, T.-Y. (2019). Mass:Masked sequence to sequence pretraining for language generation. In *International Conference on Machine Learning* (pp. 5926-5936).

[49] Srivastava, N., Mansimov, E., & Salakhudinov, R. (2015). Unsupervised learning of video representations using lstms. In *International Conference on Machine Learning* (pp. 843-852).

[50] Su, S.-Y., Huang, C.-W., & Chen, Y.-N. (2019). Dual supervised learning for natural language understanding and generation. In *Proceedings of the 57th Annual Meeting of the Association for Computational Linguistics* (pp. 5472-5477).

[51] Su, S.-Y., Huang, C.-W.,& Chen, Y.-N. (2020). Towards unsupervised language understanding and generation by joint dual learning. In *ACL 2020: 58th Annual Meeting of the Association for Computational Linguistics* (pp. 671-680).

[52] Sun, Y., Tang, D., Duan, N., Qin, T., Liu, S., Yan, Z., et al. (2019). Joint learning of question answering and question generation. *IEEE Transactions on Knowledge and Data Engineering*.

[53] Sun, P.,Wu, L., Zhang, K., Fu, Y., Hong, R., &Wang, M. (2020). Dual learning for explainable recommendation: Towards unifying user preference prediction and review generation. In *Proceedings of The Web Conference 2020* (pp. 837-847).

[54] Tjandra, A., Sakti, S., & Nakamura, S. (2017). Listening while speaking: Speech chain by deep learning. In *Automatic Speech Recognition and Understanding Workshop (ASRU), 2017 IEEE* (pp. 301-308). IEEE.

[55] Tjandra, A., Sakti, S., & Nakamura, S. (2018). Machine speech chain with one-shot speaker adaptation. In *Proc. Interspeech 2018* (pp. 887-891).

[56] Wang, S., & Peng, G. (2019). Weakly supervised dual learning for facial action unit recognition. *IEEE Transactions on Multimedia, 21*(12), 3218-3230.

[57] Wang, B., Ma, L., Zhang, W., & Liu, W. (2018). Reconstruction network for video captioning. In *Proceedings of the IEEE Conference on Computer Vision and Pattern Recognition* (pp. 7622-7631).

[58] Wang, Y., Xia, Y., Zhao, L., Bian, J., Qin, T., Liu, G., et al. (2018). Dual transfer learning for neural machine translation with marginal distribution regularization. In *Thirty-Second AAAI Conference on Artificial Intelligence*.

[59] Wang, B.,Ma, L., Zhang, W., Jiang,W., & Zhang, F. (2019). Hierarchical photo-scene encoder for album storytelling. In *Proceedings of the AAAI Conference on Artificial Intelligence* (vol. 33, pp. 8909-8916).

[60] Wang, Y., Xia, Y., Zhao, L., Bian, J., Qin, T., Chen, E., et al. (2019). Semi-supervised neural machine translation via marginal distribution estimation. *IEEE/ACM Transactions on Audio, Speech, and Language Processing, 27*(10), 1564-1576.

[61] Wang, Y., Xia, Y., He, T., Tian, F., Qin, T., Zhai, C. X., et al. (2019). Multi-agent dual learning. In *7th International Conference on Learning Representations, ICLR 2019*.

[62] Xia, Y., Bian, J., Qin, T., Yu, N., & Liu, T.-Y. (2017). Dual inference for machine learning. In *Proceedings of the 26th International Joint Conference on Artificial Intelligence* (pp. 3112-3118).

[63] Xia, Y., Qin, T., Chen, W., Bian, J., Yu, N., & Liu, T.-Y. (2017). Dual supervised learning. In *Proceedings of the 34th International Conference on Machine Learning-Volume 70* (pp. 3789-3798). JMLR.org.

[64] Xia, Y., Tan, X., Tian, F., Qin, T., Yu, N., & Liu, T.-Y. (2018). Model-level dual learning. In *International Conference on Machine Learning* (pp. 5383-5392).

[65] Xu, X., Song, J., Lu, H., He, L., Yang, Y., & Shen, F. (2018). Dual learning for visual question generation. *2018 IEEE International Conference on Multimedia and Expo (ICME)* (pp. 1-6).

[66] Xu, J., Tan, X., Ren, Y., Qin, T., Li, J., Zhao, S., et al. (2020). Lrspeech: Extremely lowre-source speech synthesis and recognition. In *Proceedings of the 26th acm Sigkdd International Conference on Knowledge Discovery and Data Mining.*

[67] Yang, M., Zhao, Z., Zhao, W., Chen, X., Zhu, J., Zhou, L., et al. (2017). Personalized response generation via domain adaptation. In *Proceedings of the 40th International ACM SIGIR Conference on Research and Development in Information Retrieval* (pp. 1021-1024).

[68] Yang, M., Zhao, W., Xu, W., Feng, Y., Zhao, Z., Chen, X., et al. (2018). Multitask learning for cross-domain image captioning. *IEEE Transactions on Multimedia, 21*(4), 1047-1061.

[69] Ye, H., Li, W., & Wang, L. (2019) Jointly learning semantic parser and natural language generator via dual information maximization. In *Proceedings of the 57th Annual Meeting of the Association for Computational Linguistics* (pp. 2090-2101).

[70] Yi, Z., Zhang, H., Tan, P., & Gong,M. (2017). Dualgan: Unsupervised dual learning for imageto- image translation. In *Proceedings of the IEEE International Conference on Computer Vision* (pp. 2849-2857).

[71] Yu, C., Gao, Z., Zhang, W., Yang, G., Zhao, S., Zhang, H., et al. (2020). Multitask learning for estimating multitype cardiac indices in mri and ct based on adversarial reverse mapping. *IEEE Transactions on Neural Networks and Learning Systems, 1 - 14.* https://doi.org/10.1109/ TNNLS.2020.2984955.

[72] Zhang, Z., & Yang, J. (2018). Dual learning based multi-objective pairwise ranking. In *2018 International Joint Conference on Neural Networks (IJCNN)* (pp. 1-7). IEEE.

[73] Zhang, R., Isola, P., & Efros, A. A. (2016). Colorful image colorization. In *European Conference on Computer Vision* (pp. 649-666). Springer.

[74] Zhang, H., Lan, Y., Guo, J., Xu, J., & Cheng, X. (2018). Reinforcing coherence for sequence to sequence model in dialogue generation. In *Proceedings of the 27th International Joint Conference on Artificial Intelligence* (pp. 4567-4573).

[75] Zhang, C., Lyu, X., & Tang, Z. (2019). Tgg: Transferable graph generation for zero-shot and few-shot learning. In *Proceedings of the 27th ACM International Conference on Multimedia* (pp. 1641-1649).

[76] Zhang, S., & Bansal, M. (2019). Addressing semantic drift in question generation for semisupervised question answering. In *Proceedings of the 2019 Conference on Empirical Methods in Natural Language Processing and the 9th International Joint Conference on Natural Language Processing (EMNLP-IJCNLP)* (pp. 2495-2509).

[77] Zhang, W., Wang, B., Ma, L., & Liu, W. (2019). Reconstruct and represent video contents for captioning via reinforcement learning. *IEEE Transactions on Pattern Analysis and Machine Intelligence,* 1. https://doi.org/10.1109/TPAMI.2019.2920899

[78] Zhao, W., Xu, W., Yang, M., Ye, J., Zhao, Z., Feng, Y., et al. (2017). Dual learning for cross-domain image captioning. In *Proceedings of the 2017 ACM on Conference on Information and Knowledge Management* (pp. 29-38).

[79] Zhou, F., Liu, L., Zhang, K., Trajcevski, G., Wu, J., & Zhong, T. (2018). Deeplink: A deep learning approach for user identity linkage. In *IEEE INFOCOM 2018-IEEE Conference on Computer Communications* (pp. 1313-1321). IEEE.

[80] Zhao, Z., Xia, Y., Qin, T., Xia, L., & Liu, T.-Y. (2020). Dual learning: Theoretical study and an algorithmic extension. Preprint. arXiv:2005.08238.

[81] Zhu, J.-Y., Park, T., Isola, P., & Efros, A. A. (2017). Unpaired image-to-image translation using cycle-consistent adversarial networks. In *Proceedings of the IEEE International Conference on Computer Vision* (pp. 2223-2232).

[82] Zhu, S., Cao, R., & Yu, K. (2020). Dual learning for semi-supervised natural language understanding. *IEEE Transactions on Audio, Speech, and Language Processing.*

推荐阅读

模式识别：数据质量视角

作者：W. 霍曼达 等 ISBN：978-7-111-64675-4 定价：79.00元

深度强化学习：学术前沿与实战应用

作者：刘驰 等 ISBN：978-7-111-64664-8 定价：99.00元

对抗机器学习：机器学习系统中的攻击和防御

作者：Y. 沃罗贝基克 等 ISBN：978-7-111-64304-3 定价：69.00元

数据流机器学习：MOA实例

作者：A. 比费特 等 ISBN：978-7-111-64139-1 定价：79.00元

R语言机器学习（原书第2版）

作者：K. 拉玛苏布兰马尼安 等 ISBN：978-7-111-64104-9 定价：119.00元

终身机器学习（原书第2版）

作者：陈志源 等 ISBN：978-7-111-63212-2 定价：79.00元

推荐阅读

机器学习理论导引

作者: 周志华 王魏 高尉 张利军 著　书号: 978-7-111-65424-7　定价: 79.00元

　　本书由机器学习领域著名学者周志华教授领衔的南京大学LAMDA团队四位教授合著, 旨在为有志于机器学习理论学习和研究的读者提供一个入门导引, 适合作为高等院校智能方向高级机器学习或机器学习理论课程的教材, 也可供从事机器学习理论研究的专业人员和工程技术人员参考学习。本书梳理出机器学习理论中的七个重要概念或理论工具(即: 可学习性、假设空间复杂度、泛化界、稳定性、一致性、收敛率、遗憾界), 除介绍基本概念外, 还给出若干分析实例, 展示如何应用不同的理论工具来分析具体的机器学习技术。

迁移学习

作者: 杨强 张宇 戴文渊 潘嘉林 著　译者: 庄福振 等　书号: 978-7-111-66128-3 定价: 139.00元

　　本书是由迁移学习领域奠基人杨强教授领衔撰写的系统了解迁移学习的权威著作, 内容全面覆盖了迁移学习相关技术基础和应用, 不仅有助于学术界读者深入理解迁移学习, 对工业界人士亦有重要参考价值。全书不仅全面概述了迁移学习原理和技术, 还提供了迁移学习在计算机视觉、自然语言处理、推荐系统、生物信息学、城市计算等人工智能重要领域的应用介绍。

神经网络与深度学习

作者: 邱锡鹏 著　ISBN: 978-7-111-64968-7　定价: 149.00元

　　本书是复旦大学计算机学院邱锡鹏教授多年深耕学术研究和教学实践的潜心力作, 系统地整理了深度学习的知识体系, 并由浅入深地阐述了深度学习的原理、模型和方法, 使得读者能全面地掌握深度学习的相关知识, 并提高以深度学习技术来解决实际问题的能力。本书是高等院校人工智能、计算机、自动化、电子和通信等相关专业深度学习课程的优秀教材。